KATALOG

AKADEMIE-VERLAG BERLIN

THEORIA CUM PRAXI

Abkürzungen:

Hrsg. v.	=	Herausgegeben von
(H)	=	Herausgeber
S.	=	Seiten
Abb.	=	Abbildungen
Tab.	=	Tabellen
Taf.	=	Tafelseiten
g	=	Gewicht in Gramm
[ ]	=	Literatursystematik für Verlagserzeugnisse
〉〈	=	Interne Verlagsnummer

Formatangaben (Höhe)

unter 10 cm in Zentimetern		
über 10 bis 18,5 cm	=	kl. 8°
über 18,5 cm bis 22,5 cm	=	8°
über 22,5 bis 25 cm	=	gr. 8°
über 25 bis 35 cm	=	4°
über 35 bis 45 cm	=	2°
über 45 cm in Zentimetern		
bei Zeitschriften in Zentimetern		

Bei vergriffenen Titeln, deren Verkaufspreise eingeklammert sind ( ), und älteren Zeitschriftenjahrgängen bitten wir, sich gegebenenfalls an das Zentralantiquariat der DDR, 7010 Leipzig, Talstr. 29 zu wenden, da dort evtl. Bestände noch vorhanden sein können. Nachdrucke beim Verlag erfolgen, wenn eine angemessene Anzahl Bestellungen vorliegt.

Mit A gekennzeichnete Preise gelten nur im gesamten Ausland. Ist nur ein Preis angegeben, so versteht sich dieser für das In- und Ausland. Liefermöglichkeit und Preisänderungen sind vorbehalten.

Vertriebsbeschränkungen

V 1 = Vertriebsrechte für das nichtsozialistische Wirtschaftsgebiet vergeben
V 2 = Vertriebsrechte nur für die DDR und das sozialistische Wirtschaftsgebiet
V 3 = Vertriebsrechte für die BRD, Berlin-West sowie Österreich und Schweiz vergeben
V 4 = Vertriebsrechte nur für die DDR, sozialistisches Wirtschaftsgebiet, BRD und Berlin-West
V 5 = Vertriebsrechte für USA und Kanada vergeben
V 6 = Vertriebsrechte nur für die DDR
V 7 = Vertriebsrechte für BRD u. Berlin(West) vergeben

Katalog 1979—1980
Akademie-Verlag · Berlin

KATALOG

AKADEMIE-VERLAG BERLIN

1979
1980

Gesamtverzeichnis
in alphabetischer Folge
nach dem Namen des Autors,
des Herausgebers,
der Schriftenreihe usw.

Erschienen im Akademie-Verlag, DDR-1080 Berlin
Leipziger Straße 3—4. Fernsprecher 22360
Telex 11 44 20 averl dd/Telegrammanschrift: Akademieverlag Berlin
Redaktionsschluß: 30. Mai 1980
Satz und Druck: VEB Druckerei „Thomas Müntzer", 5820 Bad Langensalza
Printed in GDR. Druckgenehmigung Ag 451/81/80 · 46/411/80

Abhandlungen der Akademie der Wissenschaften der DDR EDV-Nr. M

Abteilung Mathematik — Naturwissenschaften — Technik

Jahrgang 1978

1 Ulrich Hofmann / Otto Henkel / Dietrich Schulze (H): Strukturabhängiges mechanisches Verhalten von Festkörpern — Glas, Keramik, Polymere Vorträge, gehalten auf der Tagung des Fachverbandes Festkörperphysik d. Physikal. Gesellschaft d. DDR u. d. Zentralinst. f. Festkörperphysik u. Werkstofforschung Dresden d. AdW d. DDR vom 11. bis 13. Oktober 1976 in Dresden
1979. 396 S., 333 Abb., 25 Tab., gr. 8°, 730 g, >2001/78/1/N< [1185] 762 523 5 **58,—**

4 Seed Proteins of Dicotyledonous Plants. Proceedings of a Symposium organized by the Zentralinst. für Genetik u. Kulturpflanzenforschung d. AdW d. DDR, Gatersleben (GDR) June 30 — July 2, 1977
Edited by K. Müntz
1979. 264 S., 129 Abb., 53 Tab., gr. 8°, 570 g, >2001/78/4/N< [1315] 762 637 7 **38,—**

5 H. Matthies / M. Krug / N. Popov: Biological Aspects of Learning, Memory Formation and Ontogeny of the CNS. Proceedings of the Fifth International Neurobiological Symposium held in Magdeburg, June 6—9, 1977, jointly with the Annual Meeting of the Problem Commission "Neurophysiology and Higher Nervous Activity" of the Academies of Sciences of the Socialist Countries (Intermozg)
The Symposium was organized by the Society of Pharmacology and Toxycology of GDR and the Society of Neurosciences of GDR
1979. 514 S., 274 Abb., 39 Tab., gr. 8°, 910 g, >2001/78/5/N< [1315] 762 638 5 **72,—**

Jahrgang 1979

1 J. Schuh / K. Hecht / J. A. Romanow (H): Vorträge des Deutsch-Sowjetischen Symposiums: Chronobiologie — Chronomedizin
Veranstaltet durch die Gesellschaft f. physikalische u. mathematische Biologie d. DDR v. 10.—15. Juli 1978 in Halle/Saale
1980. >2001/79/1/N< [1395] 762 800 6

2 Horst Lyr / Claus Polter (H): Vorträge des V. Internationalen Symposiums Systemfungizide
Veranstaltet durch die Sektionen Mikrobiologie und Phytopathologie der Biologischen Gesellschaft der DDR vom 9.—13. Mai 1977 im Schloß Reinhardsbrunn
1979. 371 S., 191 Abb., 92 Tab., 2 Karten, gr. 8°, 770 g, >2001/79/2/N< [4275] 762 801 4 **58,—**

3 Manfred Ringpfeil (H): Entwicklung von Laborfermentoren
VI. Reinhardsbrunner Symposium veranstaltet von der Sektion Mikrobiologie der Biologischen Gesellschaft der DDR und dem Institut für Technische Chemie der AdW vom 21.—27. Mai 1978
1980. 366 S., 187 Abb., 22 Tab., gr. 8°, >2001/79/3/N< [1345]

4 S. Gähler / W. Gähler / G. Kneis (H): Convergence Structures and Applications to Analysis. Proceedings of the International Summer School, held at Frankfurt/Oder, GDR from May 8 to 12, 1978
1980. 175 S., gr. 8°, 290 g, >2001/79/4/N< [1035]

EDV-Nr. M

Abteilung Gesellschaftswissenschaften

Jahrgang 1979

1 Walter Ruben: Wissen gegen Glauben. Der Beginn des Kampfes des Wissens gegen den/das Glauben im alten Indien und Griechenland
1979. 196 S., gr. 8°, 390 g, >2001/79/1/G< [0705] 753 737 4 **(18,–)**

Veröffentlichungen der Wissenschaftlichen Räte

Jahrgang 1978

8 Hauptwege zur Steigerung der Arbeitsproduktivität für die weitere Erhöhung des materiellen und kulturellen Lebensniveaus des Volkes
24. Tagung des Wissenschaftlichen Rates für die wirtschaftswissenschaftliche Forschung bei der AdW am 21./22. 4. 1978
1979. 461 S., 9 Abb., 17 Tab., gr. 8°, 770 g, >2001/78/8/W< [0325] 753 652 3 **42,–**

9 Probleme der Leitung und Planung der sozialistischen Wirtschaft. Probleme und Entwicklungstendenzen der Vervollkommnung des Systems der Leitung und Planung der sozialistischen Wirtschaft
4. Tagung der Gemeinsamen Kommission der Ökonomen der UdSSR und der DDR
1979. 126 S., 7 Abb., 2 Tab., gr. 8°, 280 g, >2001/78/9/W< [0345] 753 687 3 **12,–**

Jahrgang 1979

1 Tendenzen und Erscheinungsformen des agressiven und reaktionären Wesens des imperialistischen Staates und Rechts
Tagung des Rates für staats- u. rechtswissenschaftliche Forschung an der AdW vom 14. 4. 1978
1979. 147 S., gr. 8°, 300 g, >2001/79/1/W< [0495] 753 669 7 **15,–**

2 Intensivierung der landwirtschaftlichen Produktion. Grundprobleme der weiteren Intensivierung der landwirtschaftlichen Produktion und des schrittweisen Übergangs zu industriemäßigen Produktionsmethoden
25. Tagung des Wissenschaftlichen Rates für die wirtschaftswissenschaftliche Forschung bei der AdW am 13. 10. 1978
13. 10. 1978
1979. 118 S., 5 Tab., gr. 8°, 260 g, >2001/79/2/W< [0365] 753 711 2 **10,50**

3 Konservatismus — Faschismus — reaktionäres geistiges „Erbe“
Tagung des Wissenschaftlichen Rates für Grundfragen der ideologischen Auseinandersetzung zwischen Sozialismus und Imperialismus
1979. 36 S., gr. 8°, 90 g, >2001/79/3/W< [0135] 753 735 8 **4,50**

4 Demokratie, Freiheit und Menschenrechte in der entwickelten sozialistischen Gesellschaft
Tagung des Rates für staats- u. rechtswissenschaftliche Forschung an der AdW vom 29. u. 30. 6. 1978
1979. 116 S., gr. 8°, 190 g, >2001/79/4/W< [0425] 753 736 6 **10,50**

5 Probleme der demographischen Entwicklung bei der weiteren Gestaltung der entwickelten sozialistischen Gesellschaft in der DDR
27. Tagung des Wissenschaftlichen Rates für die wirtschaftswissenschaftliche Forschung bei der AdW am 13. 3. 1979
1980. 132 S., 12 Tab., gr. 8°, 250 g, >2101/79/5/W< [0325] 753 779 6 **12,50**

		EDV-Nr.	M
6	Zur aktiven Rolle der Finanzen und ihre Ausnutzung bei der weiteren Erhöhung der Leistungskraft der sozialistischen Wirtschaft 28. Tagung des Wissenschaftlichen Rates für die wirtschaftswissenschaftliche Forschung bei der AdW der DDR am 29. 5. 1979 1980. 133 S., gr. 8°, 250 g, ›2001/79/6/W‹ [0385]	753 797 2	13,50
7	Fragen der wissenschaftlich-technischen und ökonomischen Zusammenarbeit UdSSR/DDR. Zur Entwicklung der wissenschaftlich-technischen und ökonomischen Zusammenarbeit UdSSR/DDR unter den Bedingungen der sozialistischen ökonomischen Integration 5. Tagung der Gemeinsamen Kommission der Ökonomen der UdSSR und der DDR 1980. ›2001/79/7/W‹ [0335]	753 841 4	

Jahrgang 1980

1	Staat, Recht und wissenschaftlich-technischer Fortschritt Tagung des Rates für staats- u. rechtswissenschaftliche Forschung an der AdW der DDR vom 24. 11. 1978 1980. ›2001/80/1/W‹ [0425]	753 842 2	
2	Zur Verbindung von wissenschaftlich-technischer Revolution und Sozialismus. Hauptrichtungen der organischen Verbindung der wissenschaftlich-technischen Revolution mit den Vorzügen des Sozialismus 29. Tagung des Wissenschaftlichen Rates für die wirtschaftswissenschaftliche Forschung bei der AdW d. DDR, Zentrale Konferenz der DDR am 16./17. 10. 1979 1980. ›2001/80/2/W‹ [0325]	753 854 5	

Abhandlungen der Sächsischen Akademie der Wissenschaften zu Leipzig

Mathematisch-naturwissenschaftliche Klasse

Band 53

1	3. Internationales Symposium über Probleme der Passivität von Metallen Technische Universität Dresden, 29. bis 31. 5. 1975 [3015] 1979. 171 S., 150 Abb., dav. 26 auf 10 Taf., 27 Tab., 4°, 610 g, ›20/25/53/1‹	762 270 4	42,—
3	Kurt Schwabe / Christian Queck: Freie Überführungsenthalpien von Einzelionen aus Wasser in organischen Solventie. Eine kritische Übersicht 1979. 104 S., 38 Abb., 47 Tab., 4°, 280 g, ›2025/53/3‹ [1215]	762 594 8	22,—
4	Karl Strehmel: Näherungsmethoden zur Ermittlung von transsonischen Profilströmungen mit Verdichtungsstößen 1978. 78 S., 25 Abb., 4°, 230 g, ›2025/53/4‹ [1125]	762 595 6	23,—

Band 54

1	Ernst Neef: Analyse und Prognose von Nebenwirkungen gesellschaftlicher Aktivitäten im Naturraum. Mit Beiträgen von A. Bernhardt, K.-D. Jäger, K. Mannsfeld 1979. 70 S., 7 Abb., 1 Falttaf., 2 Tab., 4°, 140 g, ›2025/54/1‹ [1305]	762 634 2	13,50
2	Günter Kabisch: Schwingungsspektroskopische und Kernresonanzuntersuchungen an Tetraalkylammoniumsalzlösungen 1979. 71 S., 29 Abb., 11 Tab., 4°, 130 g, ›2025/54/2‹ [1215/1275]	762 670 5	14,—

		EDV-Nr.	M
3 Dietrich Uhlmann: Künstliche Ökosysteme 1980. 36 S., 17 Abb., dav. 2 farb., 3°, 100 g, >2025/54/3<	[1375]	762 748 4	**5,50**

Philologisch-historische Klasse

Band 68

2 Friedrich Möbius: Caspar David Friedrichs Gemälde „Abtei im Eichwald" und die frühe Wirkungsgeschichte der Ruine Eldena bei Greifswald. Zu aktuellen Aspekten des Denkmalbegriffs und der Denkmalpflege 1980. 36 S., 19 Abb. auf 16 Taf., 4°, 110 g, >2024/68/2<	[8126]	753 796 4	**6,50**

Band 69

1 Klaus Bochmann: Der politisch-soziale Wortschatz des Rumänischen von 1821—1850 1979. 221 S., 4°, 450 g, >2024/69/1<	[0845]	753 607 2	**28,—**
2 Werner Peek: Attische Versinschriften 1980. 92 S., 117 Abb., 4 Taf., 4°, 200 g, >2024/69/2<	[0885]	753 608 0	**12,—**
3 Friedrich Weller: Untersuchung über die textgeschichtliche Entwicklung des tibetischen Buddhacarita 1980. 91 S., 4°, 170 g, >2024/69/3<	[0225]	753 762 2	**9,—**
4 Ernst Eichler / Hans Walther: Onomastica Slavogermanica XIII 1981. >2024/69/4<	[0815]	753 828 9	

Abhandlungen des Meteorologischen Dienstes

122 Kolloquium Nutzung hydrometeorologischer Informationen für den Warentransport Götzer Berge, Krs. Brandenburg, 29. und 30. Juni 1977 1979. 87 S., 52 Abb., 1 Tab., 4°, 230 g, >2023/122<	[1465]	762 717 7	**42,—**
123 D. Richter / W. Neubert / A. Klämt: Temperatur und Wärmehaushalt des thermisch belasteten Stechlin- und Nehmitzsees 1979. 40 S., 29 Abb., 16 Tab., 4°, 120 g, >2023/123<	[1465]	762 725 7	**20,—**
124 Tagung Gebirgsmeteorologie (8. Internationale Konferenz für Karpatenmeteorologie) Freiberg, 22. bis 25. August 1977 1979. 228 S., 90 Abb., 47 Tab., 4°, 550 g, >2023/124<	[1465]	762 739 6	**120,—**
125 Automatische Meteorologische Stationen. Vorträge auf dem 4. Internationalen Symposium über die effektive Nutzung Automatischer Meteorologischer Stationen, Potsdam, 25.—27. April 1978. 1980. 114 S., 50 Abb., 21 Tab., 4°, >2023/125<	[1465]	762 827 6	**60,—**

Abhandlungen und Berichte des Staatlichen Museums für Völkerkunde Dresden
— Staatliche Forschungsstelle — [0705]

Band 37

1979. 222 S., 2 Abb., 2 Tab., 1 Karte, gr. 8°, 570 g, Leinen >2108/37< — 753 344 5 — **28,—**

Band 38

1980. >2108/38< — 753 672 6

	EDV-Nr.	M
Acta Hydrophysica		
Band XXIV		
1—2: 1979. 144 S., 74 Abb., 33 Tab., 8°, 200 g, ⟩2050/XXIV/1—2⟨	762 706 2	**34,—**
3 1979. X, 166 S., 11 Abb., 22 Tab., 8°, 100 g, ⟩2050/XXIV/3⟨	762 738 8	**15,—**
4 1979. IV, 72 S., 18 Abb., 3 Tab., 8°, 100 g, ⟩2050/XXIV/4⟨	762 741 7	**(15,—)**
Band XXV		
1—2 1980. ⟩2050/XXV/1—2	762 782 0	
3 1980. ⟩2050/XXV/3⟨	762 792 7	
4 1980. ⟩2050/XXV/4⟨	762 837 2	
Ägyptologenkongreß 1976 (Schriften z. Geschichte u. Kultur d. Alten Orients, 14)		
Afrika, Geschichte — (Taschenbuch Geschichte, 14)		
Ahrens, Heinz / Jürgen Läuter: Mehrdimensionale Varianzanalyse. Hypothesenprüfung, Dimensionserniedrigung, Diskrimination bei multivariaten Beobachtungen 2., erweiterte u. berichtigte Auflage 1980. ⟩6116⟨ [1084]	762 668 4	**32,—**
Albrecht, Peter: Die numerische Behandlung gewöhnlicher Differentialgleichungen. Eine Einführung unter besonderer Berücksichtigung zyklischer Verfahren (Lizenzausgabe des C. Hanser-Verlages, München, Wien) V 2 1979. 193 S., 14 Abb., gr. 8°, 370 g, ⟩6547⟨ [1065]	762 718 5	**32,—**
Albring, Werner: Elementarvorgänge fluider Wirbelbewegungen 1981. ⟩6574⟨ [1114]	762 795 1	
Althochdeutsches Wörterbuch Auf Grund der von Elias v. Steinmeyer hinterlassenen Sammlungen im Auftrag der SAW bearbeitet und hrsg. v. Elisabeth Karg-Gasterstädt und Theodor Frings [0817]		
Band III: E und F 11. Lieferung 1980. 40 S., 4°, 160 g, ⟩3004/III/11⟨	753 783 3	**10,—** A **18,—**
Altorientalische Forschungen (Schriften z. Gesch. u. Kultur d. Alten Orients)		
Ambarzumjan, V. A. (H): Probleme der modernen Kosmogonie (Übersetzung der 2., bearbeiteten u. erweiterten russ. Auflage; in dt. Spr. hrsg. v. Hans Oleak) 2., berichtigte Auflage V 1 1980. X, 341 S., 87 Abb., dav. 40 Taf., 32 Tab., gr. 8°, 780 g, Leinen ⟩6119⟨ [1495]	761 856 1	**28,—**
Analytiker-Taschenbuch Band 1. Hrsg. v. Hermann Kienitz, Rudolf Bock, Wilhelm Fresenius u. a. (Lizenzausgabe des Springer-Verlages, Berlin/Heidelberg/New York) V 2 1980. 439 S., 81 Abb., gr. 8°, 680 g, Lederin ⟩6572⟨ [1237]	762 783 9	**78,—**
Angelov, Dimitar: Die Herausbildung des Bulgarischen Volkes (Veröffentl. d. Zentralinst. f. Alte Geschichte u. Archäologie, 10)		

	EDV-Nr.	M
Anger, Gottfried (H): Inverse and Improperly Posed (Mathematische Forschung, 1)		
Antisowjetismus, die Krise des — (Beiträge z. Kritik d. bürgerl. Ideologie u. d. Revisionismus, 6)		
The Archaeological Map of the Sudan		
Von Friedrich W. Hinkel [0225]		
2 Fascicle II — The Area of the South Libyan Desert with the Co-operation of Anthony J. Mills, and an Introduction by Anthony J. Arkell. M. B. E., M. C., D. Litt., F. S. A. 1979. VIII, 160 S., 28 Abb. i. Text, 26 Faltkarten i. Mappe, 4°, 1090 g, Halbleinen >3067/2<	753 288 0	**78,—**
Aristoteles Werke		
In deutscher Übersetzung. Herausgegeben v. Ernst Grumach; Fortgeführt v. Hellmut Flashar		
Bisher erschienen: [0116]		
6 Nikomachische Ethik. Übersetzt u. kommentiert v. Franz Dirlmeier 7., gegenüber der 6. durchgesehenen, unveränderte Auflage 1979. 606 S., gr. 8°, 1140 g, Leinen >3022/6<	750 021 3	**42,—**
7 Eudemische Ethik. Übersetzt u. kommentiert v. Franz Dirlmeier 3., gegenüber der 2. durchgesehenen, unveränderte Auflage 1979. 504 S., gr. 8°, 950 g, Leinen >3022/7<	750 028 0	**42,—**
8 Magna Moralia. Übersetzt u. kommentiert v. Franz Dirlmeier 4., gegenüber der 3., durchgesehenen, unveränderte Auflage 1979. 482 S., gr. 8°, 1120 g, Leinen >3022/8<	750 710 8	**38,—**
11 Physikvorlesung. Übersetzt v. Hans Wagner 3., unveränderte, durch eine Nachbemerkung ergänzte, Auflage 1979. 701 S., gr. 8°, 1270 g, Leinen >3022/11<	750 078 2	**58,—**
12 Teil I: Meteorologie; Teil II: Über die Welt. Übersetzt v. Hans Strohm 2., berichtigte Auflage 1979. 356 S., 9 Abb., gr. 8°, 720 g, Leinen >3022/12<	751 641 8	**33,—**
13 Über die Seele. Übersetzt v. Willy Theiler 5., gegenüber der 3. durchgesehenen, unveränderte Auflage 1979. 157 S., gr. 8°, 420 g, Leinen >3022/13<	750 711 6	**(14,—)**
18 Opuscula. Teil I: Über die Tugend. Übersetzt v. Ernst A. Schmidt 2. berichtigte u. erweiterte Auflage 1979. 141 S., gr. 8°, 450 g, Leinen >3022/18/1<	750 032 8	**18,—**
dto. Teil II: Mirabilia. Übersetzt v. Hellmut Flashar dto. Teil III: De Audibilibus. Übersetzt v. Jürgen Klein 2. berichtigte Auflage 1979. 286 S., gr. 8°, 600 g Leinen >3022/18/II u. III<	751 887 8	**25,—**
Arndt, Elke: Queues and Point Processes (Math. Lehrbücher u. Monographien, II. Abt./53)		
Arndt, Karl-Friedrich: Leitfaden der Polymercharakterisierung (s. Schröder)		
Arnold, Alfred: Wilhelm Wundt — Sein philosophisches System 1980. 293 S., 8°, 490 g, Leinen >6560< [0165]	753 752 6	**22,—**

		EDV-Nr.	M
Arrian, Der Alexanderzug. Indische Geschichte (in 2 Bänden) Hrsg. u. übersetzt von Gerhard Wirth u. Oskar von Hinüber (Lizenzausgabe des Heimeran Verlages, München) V 2 1981. ›6540/I–II‹	[0226]	753 640 0	
Arzneibuch der DDR — 2. Ausgabe — 2. AB — DDR —			
In der ab 1. Januar 1979 verbindlichen Fassung			
dto. Band 1 III. Lieferung. 1980. ›3065/1/III‹		762 659 6	
dto. Band 1–6 III. Lieferung. 1980. ›3065/1–6/III‹		762 656 1	
dto. Band 7 III. Lieferung. 1980. ›3065/7/III‹		762 658 8	
Kommentare zum Arzneibuch der DDR			
Heft 5 — S. Ganschow / W. Heil: Über die Anwendung der IR-Spektroskopie in der Arzneimittelkontrolle 1980. 112 S., 162 Abb., 4 Tab., gr. 8°, 200 g, ›3065/K/5‹		762 621 1	14,–
Heft 6 — G. Seidenglanz: Radioaktive Arzneimittel 1980. 56 S., 8 Tab., gr. 8°, 100 g ‹3065/K/6›		762 732 9	8,–
Heft 7 — Maximaldosen und Rezeptpflicht von Arzneimitteln 1980. ›3065/K/7‹		762 240 1	
Heft 8 — Immunhämatologische Prüfmethoden in der Laboratoriumsdiagnostik 1980. ›3065/K/8‹		762 851 6	
Compendium Medicamentorum			
Sammlung vereinheitlichter Forderungen und Prüfmethoden für Arzneimittel. Hrsg. v. Rat für Gegenseitige Wirtschaftshilfe — Ständige Kommission für Chemische Industrie. Deutsch-russisch	[1277]		
XIII. bis XIV. Lieferung 1979. 362 S., 2 Abb., 6 Tab., gr.8°, 830 g, ›3046/CM/XI–XII‹		762 587 6	35,–
XV. bis XVI. Lieferung 1980. ›3046/CM/XV–XVI‹		762 733 7	
XVII. bis XVIII. Lieferung 1981. ›3046/CM/XVII–XVIII‹		762 849 5	
Arzneimittel- und Apothekenrecht der DDR — Gesetzessammlung mit Kommentar — Hrsg. v. Joachim Richter, Hans-Joachim Seidlein, Manfred Böhm, Hans Georg Keune	[2097/2887]		
1. Lieferung 1980. ›3069/1‹		762 719 3	

	EDV-Nr.	M
2. Lieferung 1980. >3069/2<	762 720 6	
3. Lieferung 1980. >3069/3<	762 721 4	
4. Lieferung 1980. >3069/4<	762 722 2	
5. Lieferung 1981. >3069/5<	762 870 0	

Atlas der Verbreitung palaearktischer Vögel
Begründet von E. Stresemann/L. A. Portenko
Herausgegeben von Heinrich Dathe u. I. A. Neufeldt
8. Lieferung 1980. 70 S., 10 zweifarbige Verbreitungskarten, 4°, 610 g, >3034/8< [1375] — 762 631 8 — **30,–**
9. Lieferung 1980. >3034/9< — 762 676 4 — **30,–**

Aurich, Harald: Die Oxydation aliphatischer Kohlenwasserstoffe durch Bakterien
(Sitzungsber. d. AdW, Jg 79/16/N)

Automatische Meteorologische Stationen
(Abhandlg. d. MD, 125)

Avantgarde, Künstlerische —
(Literatur u. Gesellschaft, 68)

Bacaloglu, Radu: Organische Synthesen mit Cyansäureester
(Neuere Forschungsergebnisse aus den chem. Wiss., 1)

Badstübner, Rolf / Heinz Heitzer (H): Die DDR in der Übergangsperiode. Studien zur Vorgeschichte und Geschichte der DDR 1945 bis 1961
1979. X, 316 S., 9 Tab., gr. 8°, 660 g, >6523< [0275] — 753 570 7 — **(19,50)**

Bandemer, Hans (H): Theorie und Anwendung der optimalen Versuchsplanung II
(Math. Lehrbücher u. Monographien, II. Abt./48)

Barb, Dănilă: Grundlagen und Anwendungen der Mössbauerspektroskopie
(Erweiterte u. bearbeitete Übersetzung aus dem Rumänischen)
Bearbeitet u. hrsg. v. Werner Meisel
Gemeinschaftsausgabe mit Editura Academiei Republicii Socialiste România, Bucureşti
V 8 1980. X, 468 S., 160 Abb., 29 Tab., gr. 8°, 670 g, Lederin >6579< [1215/1225] — 762 812 9 — **68,–**

Barck, Karlheinz (H): Künstlerische Avantgarde
(Literatur u. Gesellschaft, 68)

Barlow, Richard E.: Statistische Theorie der Zuverlässigkeit
(Math. Lehrbücher u. Monographien, II. Abt./Bd 49)

Barthel, Horst: Die wirtschaftlichen Ausgangsbedingungen der DDR
(Forschungen z. Wirtschaftsgeschichte, 14)

Baudisch, Andreas: Decidability and Generalized Quantifiers
(Mathematische Forschung, 3)

Baumgarten, Karl: Das deutsche Bauernhaus
(Veröffentl. z. Volkskunde u. Kulturgeschichte, 63)

EDV-Nr. M

Baumann, Rudolf (H): Arterielle Hypertonie
(s. Hypertonie)

Bausteine zur Sprachgeschichte des Neuhochdeutschen [0815]
Zentralinstitut für Sprachwissenschaft

56/I Zur Ausbildung der Norm der deutschen Literatursprache auf der syntaktischen Ebene (1470—1730). Der Einfachsatz
Untersucht an ausgewählten Konkurrentengruppen unter Leitung von Gerhard Kettmann u. Joachim Schildt
2., unveränderte Auflage
1981. 539 S., 126 Tab., gr. 8°, 800 g, ⟩2054/56/I⟨ [0815] 752 385 3 **68,—**

56/II Zur Ausbildung der Norm der deutschen Literatursprache auf der lexikalischen Ebene (1470—1730). Untersucht an ausgewählten Konkurrentengruppen unter Leitung von Joachim Dückert
2., unveränderte Auflage
1981. 352 S., 40 Tab., gr. 8°, 550 g, ⟩2054/56/II⟨ [0815] 752 384 5 **42,—**

56/III Zur Ausbildung der Norm der deutschen Literatursprache auf der lexikalischen Ebene (1470—1730). Untersucht an ausgewählten Konkurrentengruppen mit Anteilen slawischer Herkunft unter Leitung von Klaus Müller
2., unveränderte Auflage
1980. 234 S., 44 Tab., gr. 8°, 350 g, ⟩2054/56/III⟨ [0815] 752 874 2 **28,—**

56/IV Zur Ausbildung der Norm der deutschen Literatursprache im Bereich des neuhochdeutschen Satzgefüges (1470—1730)
Band IV — Wladimir G. Admoni: Ein Beitrag zur Geschichte des Gestaltungssystems der deutschen Sprache
2., unveränderte Auflage
1980. 363 S., gr. 8°, 600 g, ⟩2054/56/IV⟨ 752 967 3 **48,—**

56/V M. M. Guchmann/N. N. Semenjuk: Zur Ausbildung der Norm der deutschen Literatursprache im Bereich des Verbs (1470—1730). Tempus und Modus
1981. ⟩2054/56/V⟨ [0815] 753 795 6

Behrens, Fritz: Grundriß der Geschichte der politischen Ökonomie

Bd I: Die politische Ökonomie bis zur bürgerlichen Klassik
2., berichtigte u. ergänzte Auflage
1981. ⟩5469/1⟨ [0305] 753 725 1

Bd III: Die bürgerliche Ökonomie bis zur allgemeinen Krise des Kapitalismus
1979. 270 S., 8°, 460 g, Leinen ⟩5469/3⟨ 753 391 2 **18,—**

Bd IV: Die bürgerliche Ökonomie in der allgemeinen Krise des Kapitalismus
1981. ⟩5469/4⟨ [0305] 753 727 8

Beiträge zur Alexander-von-Humboldt-Forschung
5 Alexander von Humboldt. Lateinamerika am Vorabend der Unabhängigkeitsrevolution. Eine Anthologie von Impressionen und Urteilen aus seinen Reisetagebüchern.
Zusammengestellt u. erläutert durch Margot Faak
1981. ⟩2137/5⟨ [1006] 753 635 5

Nr.	Titel		EDV-Nr.	M
6	Kurt-R. Biermann (H): Briefwechsel zwischen Alexander von Humboldt und Heinrich Christian Schumacher. Zum 200. Geburtstag von H. C. Schumacher 1979. 192 S., 4 Taf., gr. 8°, 420 g, Leinen >2137/6<	[1006]	753 636 3	**36,—**

Beiträge zur Demographie

Nr.	Titel		EDV-Nr.	M
3	Autorenkollektiv unter Leitung von D. I. Valentej: Das System der Wissenschaften von der Bevölkerung (Übersetzung aus dem Russischen; wiss. Bearb.: Hans Schmidt u. Erich Strohbach) 1979. 328 S., 5 Abb., 2 Tab., 8°, 430 g, >2180/3<	[0325]	753 599 3	**32,—**
4	Parviz Khalatbari (H): Räumliche Bevölkerungsbewegung in sozialistischen Ländern 1980. 436 S., 34 Abb., 16 Karten, 8°, 600 g, >2180/4<	[0325]	753 600 5	**38,—**
5	Parviz Khalatbari (H): Bevölkerungstheorie und Bevölkerungspolitik 1981. >2180/5<	[0305]	753 791 3	

Beiträge zur Forschungstechnologie

Schriftenreihe für Experimentalmethodik, Systemanalyse und Instrumentierung in der naturwissenschaftlichen, medizinischen und technischen Forschung

Nr.	Titel		EDV-Nr.	M
5	Wolfgang Meiling: Mikroprozessor — Mikrorechner. Funktion und Anwendung 2., bearbeitete u. erweiterte Auflage 1979. XIV, 218 S., 46 Abb., 15 Tab., 8°, 300 g, >2167/5<	[3535]	762 639 3	**(21,—)**
6	Manfred Bonitz: Wissenschaftliche Forschung und wissenschaftliche Information 1979. XII, 199 S., 32 Abb., 6 Tab., 8°, 270 g, >2167/6<	[1075]	762 763 6	**(21,—)**
7	Bert Pegel: Empirische Modellbildung und Versuchsplanung 1980. X, 75 S., 5 Abb., 8°, 120 g, >2167/7<	[1075]	762 794 3	**9,50**

Sonderbände

Nr.	Titel		EDV-Nr.	M
2	**Rainer Franke: Optimierungsmethoden in der Wirkstofforschung** — Quantitative Struktur-Wirkungs-Analyse 1980. XVI, 456 S., 69 Abb., 1 Tab., 8°, 600 g, Leinen >2167/S 2<	[1315]	762 793 5	**45,—**

Beiträge zur Geographie

Herausgegeben von Heinz Lüdemann unter Mitwirkung von Edgar Lehmann u. Günter Haase
Frühere Hefte im VEB Bibliographischen Institut Leipzig erschienen

Neue Folge

Nr.	Titel		EDV-Nr.	M
29	Arbeiten zur Bodengeographie 1978. 341 S., 64 Abb., 50 Tab., Anlagenmappe m. 6 schwarz-weiß u. 5 mehrfarb. Anlagen, gr. 8°, 930 g, (3 Teile) Supplementband: Günter Haase — Struktur und Gliederung der Pedosphäre in der regionischen Dimension 1978. 251 S., 16 Abb., 10 Tab., 9 Anlagen, gr. 8°, 650 g, Halbleinen >2154/29/1—3<	[5010]	762 078 4	**43,—**

EDV-Nr. M

30 Siedlungssysteme in der VR Polen und der DDR
Beiträge des III. Geographischen Seminars VR Polen — DDR
1981. ⟩2154/30⟨ [5015] 762 831 3

Beiträge zur Inkunabelkunde, Dritte Folge
Im Auftrage d. Deutschen Staatsbibliothek zu Berlin hrsg. v. Hans Lülfing, Ursula Altmann, Heinrich Roloff [8108]

7 Ilse Schunke: Die Schwenke-Sammlung gotischer Stempel- und Einbanddurchreibungen nach Motiven geordnet und nach Werkstätten bebestimmt und beschrieben.
I: Einzelstempel
1979. XVI S., 318 Taf., 4°, 1100 g, Leinen ⟩3049/7/1⟨ 752 606 9 **60,—**

Beiträge zur Kritik der bürgerlichen Ideologie und des Revisionismus [0165]

5 Probleme des gegenwärtigen Sozialdemokratismus
1979. 146 S., 8°, 190 g, ⟩2179/5⟨ 753 578 2 **6,—**

6 Hans Schulze (H): Die Krise des Antisowjetismus
(Übersetzung aus dem Bulgarischen)
1979. 227 S., 8°, 280 g, ⟩2179/6⟨ 753 609 9 **9,—**

7 Ján Lazar: Eigentum in der bürgerlichen Rechtstheorie
1980. ⟩2179/7⟨ [0495] 753 808 6

Beiträge zur Meereskunde

42 1979. 166 S., 63 Abb., dav. 1 Falttaf., 25 Tab., gr. 8°, 270 g, ⟩2105/42⟨ 762 689 5 **45,—**
43 1980. 140 S., 78 Abb., 14 Tab., gr. 8°, 240 g, ⟩2105/43⟨ 762 762 8 **36,—**
44—45 1980. ⟩2105/44—45⟨ 762 838 0

Belke, Wolfgang / Dietmar Graichen / Michael Starruß: Nichtmetrische Klassifizierung von Informationen, Theorie und Anwendung
1979. VIII, 147 S., 27 Abb., 33 Tab., 8°, 250 g, ⟩6445⟨ [1085] 762 477 7 **20,—**

Belorussische Volksmärchen
(Volksmärchen, 3)

Bender, Dietrich: Einheiten — Maßsysteme — SI
(WTB, Reihe Mathematik/Physik)

Bentzien, Ulrich: Bauernarbeit im Feudalismus
(Veröffentl. z. Volkskunde u. Kulturgeschichte, 67)

Bergholz, Gerhard: Verhaltensmodelle von Prozeßrechnern
(Elektronisches Rechnen u. Regeln, Bd. 14)

Bergmann, Ulrich: Kolposkopische Bilder in heutiger Sicht. Ein Atlas für die gynäkologische Praxis
1979. 123 S., 73 Taf., 4°, 660 g, Lederin ⟩6484⟨ [2715, 2145] 762 564 9 **58,—**

Berliner Akademie, Die — der Wissenschaften in der Zeit des Imperialismus
(Studien u. Geschichte d. AdW, 2)

Bernal, John Desmond: Die soziale Funktion der Wissenschaft
(Übersetzung aus dem Englischen; hrsg. u. eingeleitet von Helmut Steiner)
V 1 1980. ⟩6181⟨ [0305] 752 784 6

	EDV-Nr.	M
Berthold, Lothar (H): Reprintreihe „Antifaschistische Literatur in der Bewährung" (s. dort)		
Bevölkerungsbewegung, Räumliche — in sozialistischen Ländern (Beiträge z. Demographie, 4)		
Bierwisch, Manfred (H): Psychologische Effekte sprachlicher Strukturkomponenten (Sammlung AV, Sprache)		
Biological Aspects of Learning, Memory Formation and Ontogeny of the CNS (Abhandlg. d. AdW, Jg 78/5/N)		
Birner, Peter: MO-theoretische Methoden in der organischen Chemie (WTB, Reihe Chemie)		
Bittrich, H. J. (H): Modellierung von Phasengleichgewichten als Grundlage von Stofftrennprozessen (Grundlagen d. Verfahrenstechnik u. chem. Technologie, 10)		
Bleiber, Waltraut: Naturalwirtschaft und Ware-Geld-Beziehungen zwischen Somme und Loire während des 7. Jahrhunderts (Forschungen z. mittelalterl. Geschichte, 27)		
Bobeth, Wolfgang: Zur Quantifizierung des Gebrauchswertes, dargestellt am Beispiel textiler Werkstoffe (Sitzungsber. d. AdW, Jg 80/1/N)		
Bochmann, Dieter: Binäre dynamische Systeme (Informatik — Kybernetik — Rechentechnik, 1)		
Bochmann, Klaus: Der politisch-soziale Wortschatz des Rumänischen von 1821 bis 1850 (Abhandlg. d. SAW, phil.-hist. Kl., Bd. 69/1)		
Böhme, Manfred (H): Arzneimittel- und Apothekenrecht der DDR (s. dort)		
Bock, Rudolf (H): Analytiker-Taschenbuch (s. dort)		
Bohr, Aage / Ben. R. Mottelson: Struktur der Atomkerne.		
Bd I: Einteilchenbewegung (Übersetzung aus dem Englischen; in dt. Spr. unter Mitarbeit v. Hans-Rainer Kissener u. Roland Reif hrsg. v. Josef Schinlmeister)		
V 3 2., berichtigte Auflage 1980. XVI, 496 S., 62 Abb., 24 Tab., gr. 8°, 950 g, Leinen >5861/I< [1175]	761 546 7	**98,—**
Bd II: Kerndeformationen (Übersetzung aus dem Englischen; in dt. Spr. hrsg. v. Hans-Rainer Kissener u. Roland Reif)		
V 3 1980. XIV, 652 S., 117 Abb., 58 Tab., gr. 8°, 1260 g, Leinen >5861/II< [1175]	761 844 9	**120,—**

EDV-Nr. M

Bolc, Leonard (H): Natural Language — Based Computer Systems
— in englischer Sprache —
(Lizenzausgabe des Hanser Verlages, München)
V 2 1980.)6591([1095] 762 847 9 **26,—**

—, — (H): Representation and Precessing of Natural Language
— in englischer Sprache —
Lizenzausgabe des Hanser Verlages, München)
V 2 1980.)6593([1095] 762 855 9 **28,—**

Bonitz, Manfred: Wissenschaftliche Forschung und wissenschaftliche Information
(Beiträge z. Forschungstechnologie, 6)

Borsdorf, Rolf: ^{13}C-NMR-Spektroskopie in der organischen Chemie
(WTB, Reihe Chemie)

Borstschukow, Wladimir: Sowjetliteratur in bürgerlicher Sicht
(Literatur u. Gesellschaft, 55)

Borzeszowski, Horst-Heino: Newton und Voltaire
(WTB, Reihe Texte u. Studien)

Bradley, Rebecca J.: The Capital of Kush
(Meroitica, 4)

Braginskij, G. I. / E. N. Timofeev: Technologie der Magnetbandherstellung
(Autorisierte Übersetzung aus dem Russischen; in dt. Spr. hrsg. v. K. Stopperka)
1981.)6098([3534] 761 819 0 **A 68,—**

Brandenburg, Erich (H): Politische Korrespondenz des Herzogs und Kurfürsten Moritz von Sachsen
(s. Moritz)

Brandenburg-Berlinisches Wörterbuch
Begründet und angelegt von Anneliese Bretschneider unter Einschluß der Sammlungen von Hermann Teuzhert. Bearbeitet unter der Leitung von Gerhard Ising
V 3 In Arbeitsgemeinschaft mit Karl Wachholtz Verlag Neumünster [0817]

II. Band
2. Lieferung: Flieder — Gare
1979. 64 S., 9 Karten, 4°, 200 g,)3056/II/2(753 118 3 **(18,—)**

3. u. 4. Lieferung:
1980.)3056/II/3 u. 4(753 753 4 **36,—**

Braun, Anneliese / Harry Maier (H): Ökonomische Effektivität der gesellschaftlichen Produktion im entwickelten Sozialismus. Theorie — Planung — Messung
— Internationale Reihe: Sozialismus — Erfahrungen, Probleme und Perspektiven —
1980. 335 S., 9 Abb., 37 Tab., 8°, 410 g,)6530([0325] 753 604 8 **22,—**

Braunbuch I über Reichstagsbrand und Hitlerterror
(Reprintreihe: Antifaschistische Literatur in der Bewährung, 2)

Braunbuch II. Dimitroff contra Göring
(Reprintreihe: Antifaschistische Literatur in der Bewährung, 3)

		EDV-Nr.	M
Brauner, Siegmund (H): Studien zur nationalsprachlichen Entwicklung in Afrika (Studien über Asien, Afrika u. Lateinamerika, 34)			
Brause, H.: Probleme des Krustenbaus und der geotektonischen Entwicklung auf der Geotraverse Baltikum-DDR-Česky massif (Schriftenreihe f. Geolog. Wissenschaften, 15)			
Brüning, Eberhard: Die amerikanischen Schriftstellerkongresse der 30er Jahre (Sitzungsber. d. AdW, Jg 79/5/G)			
Budach, Lothar (H): Fundamentals of Computation Theory FCT'79 (Mathematische Forschung, 2)			
Budde, Klaus: Stöchiometrie chemisch-technologischer Prozesse (WTB, Reihe Chemie)			
Buhr, Manfred: Erkenntnistheorie — Kritischer Rationalismus — Reformismus (Schriften z. Philosophie u. ihrer Geschichte, 22)			
Bulle, Helmuth: Stöchiometrie chemisch-technologischer Prozesse (WTB, Reihe Chemie)			
Burdakow, W. P. / F. J. Sigel: Raumfahrt und Weltraumforschung. Grundlagen und Aspekte (Übersetzung aus dem Russischen; in dt. Spr. hrsg. v. Hans Oleak) 1979. 221 S., 90 Abb., 17 Tab., 8°, 290 g, >6494<	[1444]	762 394 2	**25,—** **A 38,—**
Burghardt. Hubert: Organische Leiter, Halbleiter und Photoleiter (WTB, Reihe Mathematik/Physik)			
Busch, Hans-Jürgen / Martin Engelien / Heinz Stahn: Algorithmisches System Entscheidungstabellentechnik 1980. >6394<	[1085]	762 380 3	**A 48,—**
Bürgerliches Recht im politischen System des Imperialismus (Staats- u. rechtstheoretische Studien, 9)			
Büttner, Kurt (H): Philosophie der Eroberer und koloniale Wirklichkeit (Studien über Asien, Afrika u. Lateinamerika, 21)			
Campbell, Richard: Mikrobielle Ökologie (WTB, Reihe Biologie)			
Canis, Konrad: Bismarck und Waldersee (Schriften d. Zentralinst. f. Geschichte, 60)			
Cicero: Staatsreden (Schriften u. Quellen d. Alten Welt, 26)			
— Staatstheoretische Schriften (Schriften u. Quellen d. Alten Welt, 31)			
Collee, J. G.: Angewandte medizinische Mikrobiologie (WTB, Reihe Biologie)			

		EDV-Nr.	M
	Convergence Structures and Applications to Analysis (Abhandlg. d. AdW, Jg. 79/4/N)		
	Corpus archäologischer Quellen zur Frühgeschichte auf dem Gebiet der Deutschen Demokratischen Republik (7. bis 12. Jahrhundert).		
	2. Lieferung: Bezirke Rostock (Ostteil), Neubrandenburg. Textband und Tafelteil 1979. XVIII, 605 S., 98 Abb. i. Text, 1 Karte; gesonderter Tafelteil mit 336 S., 4°, 2960 g, Halbleinen ⟩5955/II⟨	752 789 7	**240,—**
	3. Lieferung: Bezirke Frankfurt, Potsdam, Berlin nebst einem Anhang: Die archäologischen Quellen zur Frühgeschichte auf dem Gebiet von Berlin (West) 1979. XVIII, 348 S. 82 Abb. i. Text, 1 Karte; gesonderter Tafelteil mit 113 S., 4°, 1670 g, Halbleinen ⟩5955/III⟨	752 920 0	**120,—**
	Corpus Medicorum Graecorum		
I	2.3 Hippokrates: Über die Krankheiten III. Hrsg., übersetzt und erläutert von Paul Potter 1980. 150 S., 7 Abb., gr. 8°, 400 g, Leinen ⟩2028/23⟨ [2006]	753 581 1	**42,—**
V 4,	1, 2 Galen on the Doctrines of Hippocrates and Plato. Edition, Translation and Commentary by Phillip De Lacy First Part: Books I—V Second Edition 1980. 359 S., gr. 8°, 780 g, Leinen ⟩2028/21/I⟨ [0886]	753 092 2	**98,—**
	Second Part: Books VI—IX 1980. V, 251 S., gr. 8°, 560 g, Leinen ⟩2028/21/II⟨	753 441 3	**72,—**
V 8,	1 Galen. On Prognosis. Edition, Translation and Commentary by Vivian Nutton 1979. 262 S., gr. 8°, 580 g, Leinen ⟩2028/22⟨ [2006]	753 095 7	**(78,—)**
XI	1,2 Stephanus the Philosopher. A Commentary on the Prognosticon of Hippocrates Edition and Translation by John M. Duffy 1981. ⟩2028/24⟨ [0886]	753 748 9	
	Corpus des notes marginales de Voltaire Hrsg. v. Ministerium f. Kultur der RSFSR Staatliche Öffentliche Saltykov-Ščedrin-Bibliothek zu Leningrad **Tome I: A—B**		
V 4	1979. 671 S., 20 Abb., gr. 8°, 1400 g, Leinen ⟩6019/1⟨ [7350]	752 783 8	**140,—**
	Tome II: C 1981. ⟩6019/2⟨	753 079 7	
	Corpus Vitrearum Medii Aevi Deutsche Demokratische Republik, 1.1		
	Band 1 Die mittelalterliche Glasmalerei in Erfurt		
	Teil 2 — Erhard Drachenberg: Die mittelalterliche Glasmalerei im Erfurter Dom. Textband		
V 1	1980. ⟩2157/1/II⟨	753 196 8	
	dto. Abbildungsband 1981. ⟩2157/1/II B⟨	753 622 4	

EDV-Nr. M

Czok, Karl: Vorstädte
(Sitzungsber. d. SAW, phil.-hist. Kl., Bd 121/1)

Czygan, Franz-Christian: Pigments in Plants. With Contributions by Autorenkollektiv
(Lizenzausgabe d. Gustav Fischer Verlages, Stuttgart/New York)
V 2 1980. >6576< [1314/1354] 762 807 3

Daber, Rudolf: Evolution
(Schriftenreihe f. Geolog. Wissenschaften, 16)

Dahlem, Franz: Reden und Aufsätze zur Hochschulpolitik
1980. >6592< [0155] 753 850 2

Dehio, Georg: Handbuch der deutschen Kunstdenkmäler [8102]
Begründet vom Tag für Denkmalpflege 1900
Neubearbeitung durch die Abteilung Forschung des Instituts für Denkmalpflege im Einvernehmen mit der Vereinigung zur Herausgabe des Dehio-Handbuches
2. Bd: Die Bezirke Neubrandenburg, Rostock, Schwerin
V 1 2. Auflage 1980. XII, 492 S., 70 Abb., 1 Karte, 8°, 500 g, Leinen
>3048/II< 753 810 7 **17,—**

Demokratischer Sozialismus
(Zur Kritik d. bürgerl. Ideologie, 98)

DNA Repair and Cancer Research
(Fortschritte der Onkologie, 4)

Deutsche Bibliothek
8 Helmut Praschek (H): Gerhart Hauptmanns „Weber". Eine Dokumentation. Mit einer Einleitung von Peter Wruck
1980. >2139/8< [7103] 752 099 4 **17,50**
10 Robert Eduard Prutz: Zu Theorie und Geschichte der Literatur. Bearbeitet u. eingeleitet von Ingrid Pepperle
1981. >2139/10< [8021] 753 534 4

Deutsche Volksmärchen von arm und reich
(Volksmärchen, 6)

DDR, 30 Jahre —. Kämpfe — Erfolge — Erfahrungen.
Beiträge der Zentralen Wissenschaftlichen Konferenz der Historiker zur Geschichte der Deutschen Demokratischen Republik anläßlich des 30. Jahrestages der Staatsgründung 16.—17. Mai 1979 in Berlin
1979. 178 S., 8°, 230 g, >6562< [0275] 753 761 4 **(5,—)**

DDR-Literatur, Problemfeld —
(Literatur u. Gesellschaft, 67)

Deutschland im zweiten Weltkrieg
Bd. 3: Der grundlegende Umschwung im Kriegsverlauf (November 1942 bis September 1943)
Leitung: Wolfgang Schumann unter Mitarbeit von Wolfgang Bleyer
1979. 672 S., 248 Abb. i. Text u. 172 Abb. a. 72 Taf., 86 Tab., 13 Karten, dav. 5 mehrfarb., gr. 8°, 1960 g, Leinen >5987/3< 752 773 1 **30,—**
A 42,—

EDV-Nr. M

Bd. 4: Der grundlegende Umschwung im Kriegsverlauf (Januar 1944 bis 8. Mai 1945)
Leitung: Olaf Groehler
1981. >5987/4< 753 730 7 **30,–**
A 42,–

Deutsch-Russisches Wörterbuch

Hrsg. v. Zentralinstitut f. Sprachwissenschaft

Teil I: A–G
1980. >6269/1< [0857] 753 376 0

Teil II: H–R
1982. >6269/2<

Deutsch-Slawische Forschungen zur Namenkunde und Siedlungsgeschichte

33 Obersächsische Familiennamen II
Isolde Neumann: Die Familiennamen der Stadtbewohner in den Kreisen Oschatz, Riesa und Großenhain bis 1960
1980. >2100/33< [0815] 753 428 8

34 Klaus-Dieter Gansleweit: Untersuchungen zur Namenkunde und Siedlungsgeschichte der nordöstlichen Niederlausitz. Die Flur- und Ortsnamen im Bereich des früheren Stiftes Neuzelle
1982. >2100/34< [0815] 753 811 5

Diesner, Hans-Joachim: Politik und Ideologie im Westgotenreich von Toledo: Chindasvind
(Sitzungsber. d. SAW, phil.-hist. Kl., Bd. 121/2)

Diskrete Mathematik I
(Math. Lehrbuch u. Monographien I. Abt./31)

Dobrov, G. M.: Wissenschaft. Grundlagen ihrer Organisation und Leitung (Übersetzung aus dem Russischen; wiss. Bearbeitung Conrad Grau)
1980. 512 S., 112 Abb., 1 Taf., 43 Tab., 8°, 760 g, Leinen >6281< [0305] 752 786 2 **32,–**

Döpke, Werner: Dynamische Aspekte der Stereochemie organischer Verbindungen
(WTB, Reihe Chemie)

Donat, Peter: Haus, Hof und Dorf in Mitteleuropa vom 7. bis 12. Jahrhundert
(Schriften zur Ur- und Frühgeschichte, 33)

Dück, Werner: Optimierung unter mehreren Zielen
V 1 1978. VIII, 104 S., 28 Abb., 7 Tab., 7 Rechenschemata, 8°, 190 g, >6508<
[1084] 762 220 2 **14,50**

Duffy, John M. (H): Stephanus the Philosopher
(Corpus Medicorum Graecorum, 24)

Dutz, Harald (H): Arterielle Hypertonie
(s. Hypertonie)

		EDV-Nr.	M
Eberswalde, Um —, Chorin und den Werbellin-See (Werte unserer Heimat, 34)			
Eichholtz, Dietrich / Kurt Gossweiler (H): Faschismusforschung. Positionen — Probleme — Polemik 2. Auflage V 3 1980. 459 S., 5 Tab., gr. 8, 1100 g, Leinen ›6536‹	[0265]	753 626 7	**28,—**
Einstein-Centenarium 1979 Ansprachen und Vorträge auf den Festveranstaltungen des Einsteinkomitees der DDR bei der AdW d. DDR vom 28. 2. bis 2. 3. 1979 in Berlin Für das Einstein-Komitee der DDR hrsg. v. Hans-Jürgen Treder 1979. 263 S., 27 Abb. u. 14 Fotos auf 8 Taf., 2 Tab., gr. 8°, 610 g, Leinen ›6561‹	[1105]	762 772 4	**(42,—)**
Eisenreich, Günther: Lineare Algebra und analytische Geometrie (Mathem. Lehrbücher u. Monographien, I. Abt./Bd. 33)			
Elbtal und Lösshügelland bei Meissen (Werte unserer Heimat, 32)			
Elektronisches Rechnen und Regeln			
6 **Heinz Schilling: Physik strahlgesteuerter Informationsspeicher** 1975. X, 166 S., 84 Abb., 18 Tab., gr. 8°, 425 g, Lederin ›6144‹	[1085[	762 118 9	**33,—**
13 **Reinhold Schönefeld: Hybrid — Simulation** 1979. X, 258 S., 115 Abb., 14 Tab., gr. 8°, 650 g, Lederin ›6521‹	[1085]	762 646 5	**38,—** **A 48,—**
14 **Gerhard Bergholz: Verhaltensmodelle von Prozeßrechnern** 1980. X, 249 S., 132 Abb., 20 Tab., gr. 8°, 650 g, Lederin ›6424‹	[1085]	762 439 8	**42,—**
15 **Helmut Löffler: Information — Signal — Nachrichtenverkehr** 1980. X, 266 S., 93 Abb., 18 Tab., gr. 8°, 670 g, Lederin ›6390‹	[1085]	762 360 0	**52,—** **A 60,—**
16 **Dieter Pötschke / Fred Sobik: Mathematische Informationstheorie.** Probleme und neuere Ergebnisse 1981. ›6306‹	[1075]	762 790 0	
Sonderbände			
7—12 **Grundlagen der magnetischen Signalspeicherung** Bearbeitet v. Horst Völz	[3045]		
8 **II Christoph Schneider / Horst Völz: Magnetbänder und Grundlagen der Transportwerke -1970- ›5583/II‹**		761 253 0	**22,—**
26 **W. N. Sacharow / D. A. Pospelow / W. E. Chasazki: Steuerungssysteme.** Aufgabenstellung, Projektierung, Realisierung (Übersetzung aus dem Russischen; in dt. Spr. hrsg. v. Herbert Ehrlich) 1979. X, 442 S., 124 Abb., 87 Tab., gr. 8°, 1000 g, Lederin ›6264‹	[1085]	762 345 9	**58,—**

	EDV-Nr.	M
28 **W. N. Wapnik / A. J. Tscherwonenkis: Theorie der Zeichenerkennung** (Übersetzung aus dem Russischen; in dt. Spr. hrsg. v. Siegfried Unger u. Klaus Fritzsch) [1095]	762 355 5	**48,–**
1979. XVI, 343 S., 33 Abb., 7 Tab., gr. 8°, 880 g, Lederin >6371<		**A 68,–**
Fortsetzung der Reihe unter „**Informatik — Kybernetik — Rechentechnik**" (s. dort)		
Elk, Klaus / Wilmut Gasser: Die Methode der Greenschen Funktionen in der Festkörperphysik		
1979. 249 S., 22 Abb., 8°, 320 g, >6454< [1184]	762 501 6	**32,–**
		A 38,–
Elm, Ludwig: Hochschule und Neofaschismus Zeitgeschichtliche Studien zur Hochschulpolitik in der BRD		
-1972- >5937< [0235]	752 026 5	**18,–**
Elsner, Norbert: Grundlagen der Technischen Thermodynamik 4., bearbeitete u. erweit. Auflage unter Mitwirkung v. Peter Böhmer, Jörg Huhn, Stephanie Rasmus, Karin Schulte		
V 3 1980. XIII. 641 S., 310 Abb., 20 Tab., dav. 4 als Beilage, gr. 8°, 1240 g, Leinen >5913< [3094]	762 375 8	**38,–**
(Als Lehrbuch f. d. Ausbildg. an Universitäten u. Hochschulen d. DDR anerkannt)		**A 48,–**
Elstner, Peter (H): Giftgesetz der DDR (s. dort)		
Emons, H.-H.: Salz (Sitzungsber. d. AdW, Jg 79/19/N)		
Engelberg, Ernst: Die Einheit in der Vielfalt der Revolutionen (1789—1871) — zur Wirkungsweise historischer Gesetze (Sitzungsber. d. AdW, Jg 79/14/G)		
—, —: Theorie, Empirie und Methode in der Geschichtswissenschaft. Gesammelte Aufsätze Hrsg. v. Wolfgang Küttler u. Gustav Seeber		
V 1 1980. X, 416 S., 8°, 450 g, >6578< [0215]	753 799 9	**32,–**
—, —: Über mittelalterliches Städtebürgertum (Sitzungsber. d. AdW, Jg 79/3/G)		
Engels, Siegfried: Anorganische Festkörperreaktionen		
1981. >6559< [1214, 1254]	762 767 9	
Entstehung des Menschen, Die — — und der menschlichen Gesellschaft (s. Historiker-Gesellschaft)		
Epiphanius III (Griech. Christl. Schriftsteller, 25)		
Erkrankungen der Zootiere [2905]		
13. Verhandlungsbericht des XXI. Internationalen Symposiums über die Erkrankungen der Zootiere vom 13. bis 17. Juni 1979 in Mulhouse 1979. VIII, 370 S., 38 Abb., 108 Tab., 4°, 930 g, >2136/13<	762 632 6	**70,–**
14. Verhandlungsbericht des XXII. Internationalen Symposiums über die Erkrankungen der Zootiere vom 28. Mai bis 1. Juni 1980 in Arnhem 1980. VIII, 327 S., 78 Abb., 78 Tab., 4°, 850 g, >2136/14<	762 677 2	**70,–**

EDV-Nr. M

Erpenbeck, John: Psychologie und Erkenntnistheorie. Zu philosophischen Problemen psychischer Erkenntnisprozesse
1980. X, 213 S., 17 Abb., 3 Tab., 8°, 300 g, Leinen >6577< [0145] 753 798 0 **16,–**

Eschbach, Walter: Onkogen–infektiöse Nukleinsäure. Kanzerisierungsdynamik durch ein onkogen–infektiöses Nukleoproteid
1980. VIII, 257 S., 151 Abb., 82 Tab., 720 g, Leinen >6490< [2715] 762 467 0 **52,–**

Essbach, Hasso: Morphologisches zur orthologischen und pathologischen Differenzierung und zum Anpassungs- und Abwehrvermögen der menschlichen Placenta
(Sitzungsber. d. SAW, math.-nat. Kl., Bd 114/1)

Essen, Otto von: Allgemeine und angewandte Phonetik
5., neubearbeitete u. erweiterte Auflage
1979. XII, 300 S., 63 Abb., 4 statistische Taf., 9 Tab., gr. 8°, 750 g, Leinen >5085< [0805] 753 675 0 **28,–**

Estnische Volksmärchen
(Volksmärchen, 8)

Euripides — Tragödien
(Schriften u. Quellen d. Alten Welt, 30)

Faschismusforschung
(s. Eichholtz)

Feist, Peter H.: Beiträge Richard Hamanns zur Methodik der Kunstgeschichsschreibung
(Sitzungsber. d. AdW, Jg 80/1/W)

Fiebach, Joachim: Kunstprozesse in Afrika
(Literatur u. Gesellschaft, 69)

Fiechter, A.: Plant Cell Cultures I
(Lizenzausgabe d. Springer-Verlages, Berlin, Heidelberg/New York)
V 2 1980. 160 S., 82 Abb., gr. 8°, 300 g, >6575< [1315] 762 799 4 **65,–**

Fischborn, Gottfried: Stückeschreiben
(Literatur u. Gesellschaft, 60)

Fitz, Ingomar: Reaktionstypen in der anorganischen Chemie
2., bearbeitete Auflage
1980. 465 S., 98 Abb., 105 Tab., 8°, 685 g, Leinen >5734< [1255] 762 557 7 **58,–**

Föllinger, Otto: Nichtlineare Regelungen I. Grundlagen und Harmonische Balance
(Lizenzausgabe des R. Oldenbourg Verlages, München)
V 2 1980. 227 S., 166 Abb., gr. 8°, 290 g, >6556/I< [3505] 762 815 3 **28,–**

dto. II. Anwendung der Zustandsebene, Ljapunow-Theorie und Popow-Kriterium
V 2 1981. >6556/2< 762 816 1

			EDV-Nr.	M
	Forschungen zur mittelalterlichen Geschichte			
25	Eckhard Müller-Mertens: Die Reichsstruktur im Spiegel der Herrschaftspraxis Ottos des Großen. Mit historiographischen Prolegomena zur Frage Feudalstaat auf deutschem Boden, seit wann deutscher Feudalstaat? 1980. 310 S., 4 mehrfarb. Karten als Beilage, 850 g, Leinen ›2090/25‹	[0225]	753 039 1	**62,–**
26	Bernhard Töpfer (H) im Auftrage des ZIG: Städte und Ständestaat. Zur Rolle der Städte bei der Entwicklung der Ständeverfassung in europäischen Staaten vom 13. bis zum 15. Jahrhundert 1980. 246 S., gr. 8°, 410 g, ›2090/26‹	[0225]	753 529 9	**48,–**
27	Waltraud Bleiber: Naturalwirtschaft und Ware-Geld-Beziehungen zwischen Somme und Loire während des 7. Jahrhunderts 1980. ›2090/27‹	[0225]	753 567 8	
	Forschungen zur Wirtschaftsgeschichte			
12	Heinz Habedank: Die Reichsbank in der Weimarer Republik Zur Rolle der Zentralbank in der Politik des deutschen Imperialismus 1919–1933 1980. ›2140/12‹	[0305]	753 186 1	
13	Gerd Neumann: Die ökonomischen Entwicklungsbedingungen des RGW. Versuch einer wirtschaftshistorischen Analyse. Band I: 1945 bis 1958 1980. ›2140/13/1‹	[0305]	753 193 3	
14	Horst Barthel: Die wirtschaftlichen Ausgangsbedingungen der DDR. Zur Wirtschaftsentwicklung auf dem Gebiet der DDR 1945–1949/50 1979. 191 S., 107 Tab., gr. 8°, 320 g, ›2140/14‹	[0275]	753 194 1	**18,–**
15	Karl Lärmer (H): Studien zur Geschichte der Produktivkräfte. Deutschland zur Zeit der Industriellen Revolution 1979. 402 S., 4 Abb., 109 Tab., gr. 8°, 850 g, Leinen ›2140/15‹	[0305]	753 491 5	**38,–**
	Forschungsberichte des Zentralinstituts für Wirtschaftswissenschaften der Akademie der Wissenschaften der DDR			
30	60 Jahre politische Ökonomie des Sozialismus 1979. 125 S., 8°, 170 g, ›2163/30‹	[0325]	753 618 7	**10,–**
31	Eva-Maria Langen: Technisierungsgrad der Arbeit und Qualifikation der Produktionsarbeiter – Ein Beitrag zu Fragen der Vervollkommnung des sozialistischen Charakters der Arbeit – 1979. 110 S., 3 Abb., 11 Tab., 8°, 150 g, ›2163/31‹	[0325]	753 685 7	**8,–**
32	Martliese Mehnert / Christa Pietzsch: Vervollkommnung der Materialökonomie im volkswirtschaftlichen Reproduktionsprozeß 1979. 122 S., 13 Tab., 8°, 150 g, ›2163/32‹	[0325]	753 722 7	**10,–**
33	Dieter Graf: Ökonomische Bewertungen der Naturressourcen im entwickelten Sozialismus – Ein Beitrag zu methodologischen Grundlagen 1980. 139 S., 4 Abb., 9 Tab., 8°, 190 g, ›2163/33‹	[0325]	753 754 2	**14,–**

	EDV-Nr.	M
34 Walter Telle: Modelle der Plankoordinierung verschiedener Ebenen und Einheiten der sozialistischen Volkswirtschaft 1980. ⟩2163/34⟨ [0325]	753 781 7	**7,50**
Forschungsergebnisse zur Geschichte des deutschen Imperialismus vor 1917 (Internationale Reihe d. Zentralinst. f. Geschichte, 6)		
Forster — Werke, Georg: Sämtliche Schriften, Tagebücher, Briefe		
14. Bd — Briefe 1784—30. Juni 1787. Bearbeitet von Brigitte Leuschner 1978. 899 S., 8 Taf., gr. 8°, 1520 g, Leinen ⟩3015/14⟨	753 055 1	**120,—**
15. Bd — Briefe Juli 1787—1789. Bearbeitet von Horst Fiedler 1981. ⟩3015/15⟨	753 272 5	
16. Bd — Briefe 1790 bis 1791. Bearbeitet von Brigitte Leuschner u. Siegfried Scheibe 1980. 663 S., 6 Taf., gr. 8°, 1120 g, Leinen ⟩3015/16⟨	753 273 3	**80,—**
18. Bd Briefe an Forster. Bearbeitet von Brigitte Leuschner, Siegfried Scheibe, Horst Fiedler, Klaus-Georg Popp, Annerose Schneider 1981. ⟩3015/18⟨	753 499 0	
Fortschritte der Onkologie Hrsg. von Arnold Graffi / Theodor Matthes / Erwin Magdon / Stephan Tanneberger		
4 DNA Repair and Cancer Research [2705] 1979. 203 S., 83 Abb., 24 Tab., gr. 8°, 600 g, Leinen ⟩2165/4⟨	762 396 9	**48,—**
Fourier, Charles: Ökonomisch-philosophische Schriften (Ökonomische Studientexte, 8)		
Franke, Rainer: Optimierungsmethoden in der Wirkstofforschung — Quantitative Struktur-Wirkungs-Analyse (Beiträge z. Forschungstechnologie, Sonderbd 2)		
Franken, Peter: Queues and Point Processes (Math. Lehrbücher u. Monographien, II. Abt./53)		
Franyó, Zoltan: Frühgriechische Lyriker (Schriften u. Quellen d. Alten Welt, 24/I—III)		
Fresenius, Wilhelm (H); Analytiker—Taschenbuch (s. dort)		
Fricke, Dieter (H): Deutsche Demokraten. Die nichtproletarischen demokratischen Kräfte in der deutschen Geschichte 1830 bis 1945 1980. ⟩6565⟨ [0265]	753 764 9	
Friedrich, Goetz D.: Innovation contra Krise? (Zur Kritik d. bürgerl. Ideologie, 92)		
Friedrich, V. / H. Hollatz / H. Schwetlick (H): Numerische Verfahren in Aktion **Bd 1:** Moduln für lineare Gleichungssysteme Hrsg. v. H. Hollatz unter Mitarbeit von D. Richter u. W. Burmeister 1980. 160 S., 4 Abb., gr. 8°, 400 g, ⟩6580/I⟨ [1065]	762 813 7	**25,—** **A 48,—**
Fritzsche, Gottfried: Netzwerke (WTB, Reihe Mathematik/Physik)		

EDV-Nr. M

Frolow, I. T.: Der Mendelismus und die philosophischen Probleme der modernen Genetik
(WTB, Reihe Texte u. Studien)

Frontin, Kriegslisten
(Schriften u. Quellen d. Alten Welt, 10)

Frühgriechische Lyriker
(Schriften u. Quellen d. Alten Welt, 24)

Fundamentals of Computation Theory FCT'79
(Mathematische Forschung, 2)

Gähler, S. u. W. (H): Convergence Structures and Applications to Analysis
(Abhandlg. d. AdW, Jg 79/4/N)

Ganschow, S.: Über die Anwendung der IR-Spektroskopie in der Arzneimittelkontrolle
(Kommentar z. Arzneibuch, 5)

Gansleweit, Klaus-Dieter: Untersuchungen zur Namenkunde und Siedlungsgeschichte der nordöstlichen Niederlausitz
(Deutsch-Slawische Forschungen z. Namenkunde u. Siedlungsgeschichte, 34)

Garche, Jürgen: Elektrochemische Stromquellen
(s. Wiesener)

Gebirgsmeteorologie, Tagung —
(Abhandlg. d. MD, 124)

Gelman, I. W.: Abschätzungen für Differentialoperatoren im Halbraum
(Math. Lehrbücher u. Monographien, II. Abt./54)

Geophysik und Geologie [1465]
Geophysikalische Veröffentlichungen der Karl-Marx-Universität Leipzig
Herausgegeben von R. Lauterbach

Dritte Serie

Band II — Herausgegeben von G. Olszak
Heft 1 — Physik der Erdkruste
1979. 178 S., 58 Abb., 6 Tab., gr. 8°, 300 g, ›2018/II/1‹ 762 685 2 **(32,—)**

Heft 2 — Fortschritte der Geophysik. Festschrift R. Lauterbach
1980. ›2018/II/2‹ 762 771 6

Gersch, Manfred: Wachstum und Wachstumsregulatoren der Krebse
(Sitzungsber. d. SAW, math.-nat. Kl., Bd 113/5)

Geschichte Afrikas
(Taschenbuch Geschichte, 14)

Geschichte der Akademie der Wissenschaften der UdSSR
(Übersetzung aus dem Russischen; hrsg. u. bearbeitet v. Conrad Grau)
1981. ›6440‹ [0305] 753 330 6

EDV-Nr. M

Giftgesetz der DDR
Rechtsvorschriften mit Kommentar. Hrsg. v. Horst Paulenz u. Peter Elstner [1204, 2064,
1980. 270 S., 25 Abb., 7 Tab., 8°, 300 g, >6537< 1314, 2934] 762 682 8 **18,–**

Gladkii, A. W.: Formal Grammars and Languages
(Übersetzung aus dem Russischen)
(Lizenzausgabe d. North-Holland Verlages)
— in englischer Sprache —
V 2 1980. XX, 354 S., 17 Abb., 8°, 450 g, Leinen >6539< [1085] 762 686 0 **68,–**

Gluschkow, W. M. / G. J. Zeitlin / J. L. Justschenko: Algebra, Sprachen, Programmierung
(Übersetzung aus dem Russischen; in dt. Spr. hrsg. v. Rolf Lindner u. Hansgeorg Meißner)
V 3 1980. 340 S., 34 Abb., 15 Tab., gr. 8°, 530 g, Lederin >6354< [1085] 762 299 0 **63,–**

Goethe — Schriften zur Literatur. Hrsg. v. d. AdW [7100]

Bd 5: Überlieferung, Varianten und Paralipomena zu Bd 2
Historisch-kritische Ausgabe. Bearbeitet von Johanna Salomon
1980. 536 S., gr. 8°, 1000 g, Leinen >5792/5< 751 913 3 **68,–**

Bd 6: Überlieferung, Varianten und Paralipomena zu Bd 3
Historisch-kritische Ausgabe. Bearbeitet von Horst Nahler
1978. 797 S., 8 Faksimilie als Beilage, gr. 8°, 1500 g, Leinen >5792/6< 752 623 7 **(96,–)**

Bd 7: Register zu Band 1 bis 6
Bearbeitet von Horst Nahler
1981. >5792/7< 753 571 5

Goethe-Wörterbuch
Hrsg. v. d. AdW d. DDR, der Akademie der Wissenschaften in Göttingen und der Heidelberger Akademie der Wissenschaften. Wissenschaftl. Leitung: Konrad Gaiser, Werner Hartke, Karl Robert Mandelkow
(Lizenzausgabe des Kohlhammer Verlages, Stuttgart, Berlin, Köln, Mainz)
V 2 Jährlich erscheint 1 Lieferung; 10 Lieferungen bilden 1 Band [8024]

Band II
1. Lieferung: B — beängsten
1979. 64 S., 4°, 310 g, >3032/II/1< 753 705 9 **44,–**

Gossweiler, Kurt (H): Faschismusforschung
(s. Eichholtz)

Graf, Dieter: Ökonomische Bewertungen der Naturressourcen im entwickelten Sozialismus
(Forschungsber. d. Zentralinst. f. Wirtschaftswiss., 33)

	EDV-Nr.	M
Granberg, A. G.: Modellierung der sozialistischen Wirtschaft. Theoretische und methodologische Probleme (Übersetzung aus dem Russischen; hrsg. in dt. Spache v. Günter Zeidler) 1981. ⟩6437⟨ [0345]	753 803 5	
Grassland Congress, XIII. International — Leipzig. German Democratic Republic, 18—27 May 1977. Volume I—II Editors of Congress Proceedings: E. Wojahn, H. Thöns, U. Wappler, G. Parchmann, R. Stegmann 1980. ⟩6455⟨ [4265]	762 506 7	
Griechisch Christliche Schriftsteller, Die — der ersten Jahrhunderte		
Clemens Alexandrinus		
Vierter Band — Register Erster Teil: Zitatenregister, Testimonienregister, Initienregister für die Fragmente, Eigennamenregister. Hrsg. v. Otto Stählin 2., überarbeitete Auflage von Ursula Treu 1980. XXXVI, 196 S., gr. 8°, 450 g, Broschur ⟩2031/24 Br.⟨	753 809 4	**42,—**
dto. — 550 g, Lederin ⟩2031/24/Ldr.⟨	753 459 5	**48,—**
Epiphanius II. Panarion haer. 34—64 Hrsg. von Karl Holl. 2., bearbeitete Auflage hrsg. v. Jürgen Dummer 1980. ⟩2031/23⟨	753 266 1	**110,—**
Epiphanius III. Panarion Haer. 65—80 De fide. Hrsg. v. Karl Holl. 2., bearb. Auflage hrsg. v. Jürgen Dummer 1981. ⟩2031/25⟨	753 682 2	
Koptisch-gnostische Schriften		
I. Die Pistis Sophia. Die beiden Bücher des Jeû. Unbekanntes altgnostisches Werk. Hrsg. v. Carl Schmidt. Bearb. v. Walter Till [Bd 45 (13)] 4., um das Vorwort erweiterte Auflage hrsg. v. Hans-Martin Schenke 1980. ⟩2031/6⟨	753 524 8	
Philostorgius, Kirchengeschichte		
Mit dem Leben des Lucian von Antiochien und den Fragmenten eines arianischen Historiographen. Hrsg. v. Joseph Bidez 2. überarb. Aufl. besorgt von Friedhelm Winkelmann [Bd 21] 3., bearbeitete Auflage 1980. ⟩2031/18⟨	753 632 0	**75,—**
Griechisches Münzwerk (Schriften z. Geschichte u. Kultur d. Antike, 18)		
Grigulevič, J. R.: Ketzer — Hexen — Inquisitoren (Taschenbuch Geschichte, 16)		

		EDV-Nr.	M
Grundlagen der Verfahrenstechnik und chemischen Technologie			
8 Einsatzvorbereitung von Prozeßrechnern (Prozeßanalyse und Entwurf von Steuerungsalgorithmen) deutsch-russisch 1979. XII, 235 S., 80 Abb., 20 Tab., 8°, 400 g, Leinen >2144/8<	[1205, 1095]	762 532 3	**56,–**
9 Probleme der modernen chemischen Technologie 1980. >2144/9<	[1205/1095]	762 716 9	
10 K. Hartmann/H. J. Bittrich (H): Modellierung von Phasengleichgewichten als Grundlage von Stofftrennprozessen. Deutsch-russisch 1981. >2144/10<	[1205, 1095]	762 747 6	
11 Georgi Kanewez: Berechnung von Wärmeübertragessystemen und deren Elementen 1981. >2144/11<	[1205, 1085]	762 861 2	
Grundzüge einer deutschen Grammatik. Von einem Autorenkollektiv unter Leitung von Karl Erich Heidolph, Walter Fläming, Wolfgang Motsch 1980. >6302<	[0815]	753 125 5	**A 48,–**
Gruner, Fritz (H): Literaturen Asiens und Afrikas (Studien über Asien, Afrika u. Lateinamerika, 26)			
Guchmann, M. M.: Zur Ausbildung der Norm der deutschen Literatursprache im Bereich des Verbs (1470—1730). Tempus und Modus (Bausteine z. Sprachgeschichte d. Neuhochdeutschen, 56/V)			
Günther, Karl-Heinz: Zu einigen Entwicklungstendenzen der Allgemeinbildung (Sitzungsber. d. AdW, Jg 80/3/G)			
Guntau, Martin (H): Biographien bedeutender Geowissenschaftler der Sowjetunion (Schriftenreihe f. Geolog. Wissenschaften, 14)			
Gutschmidt, Karl: Bibliographie slawistischer Publikationen aus der DDR 1973 bis 1977 (s. Pohrt)			
Habedank, Heinz: Die Reichsbank in der Weimarer Republik (Forschungen z. Wirtschaftsgeschichte, 12)			
Hagedorn, Manfred / Gerhard Hauf / Carlos Thomas: Paraneoplasien, Tumorsyntropien und Turmorsyndrome der Haut (Lizenzausgabe des Springer-Verlages, Wien) V 2 1979. X, 134 S., 37 Abb., 26 Tab., gr. 8°, 310 g, >6404<	[2715]	762 418 7	**32,–**
Hamann, Claus: Organische Leiter, Halbleiter und Photoleiter (WTB, Reihe Mathematik/Physik)			
Hamann, Richard: Theorie der bildenden Kunst 1980. IX, 133 S., 75 Abb., dav. 2 farb., gr. 8°, 550 g, Leinen >6516<	[8101]	753 557 1	**12,50** **A 24,–**
Hamm, Heinz: Der Theoretiker Goethe (Literatur und Gesellschaft, 32)			

	EDV-Nr.	M
Handbuch der Oologie		
27. Lieferung. 1979. XVI, 159 S., gr. 8°, 320 g, >3037/27<	762 498 8	**14,—**
Einbanddecke f. Bd II (Lfg. 14—27) 1979. 200 g, Leinen >3037/E/II<	762 496 1	**3,—**
28. Lieferung. 1980. 64 S., 1 Farbtaf., gr. 8°, 120 g, >3037/28<	762 499 6	**14,—**
29. Lieferung 1980. >3037/29<	762 500 8	
30. Lieferung. 1980. >3027/30<	762 628 9	
31. Lieferung. 1980. >3037/31<	762 629 7	
32. Lieferung. 1981. >3037/32<	762 832 1	
33. Lieferung. 1981. >3037/33<	762 834 8	
34. Lieferung. 1981. >3037/34<	762 835 6	
Handrich, Klaus / Sigismund Kobe: Amorphe Ferro- und Ferrimagnetika V 3 1980. VIII, 250 S., 117 Abb., 23 Tab., 8°, 320 g, >6543< [1185]	762 707 0	**32,—**
Harmer, M. H. (H): TNM-Klassifikation maligner Tumoren International Union Against Cancer Union Internationale Contre Le Cancer (UICC) Übersetzt aus dem Englischen u. bearb. von Hans Berndt u. Rudolf Huber. 3. Ausgabe Genf 1978 1980. 98 S., 21 Abb., 8°, 160 g, >6364< [2715]	762 322 1	**9,50**
Hartmann, K. (H): Modellierung von Phasengleichgewichten als Grundlage von Stofftrennprozessen (Grundlagen d. Verfahrenstechnik u. chem. Technologie, 10)		
Hartmann, Wolf-Dieter: Innovation contra Krise? (Zur Kritik d. bürgerl. Ideologie, 92)		
—, — / Heinz-Dieter Haustein: Leitung industrieller Forschung und Entwicklung. Theoretische und praktische Probleme von Innovationen 1979. 192 S., 24 Abb., 60 Tab., 8°, 250 g, >6357< [0305]	753 070 3	**14,—**
—, —: Management — Kapitalistische Führungstechniken im kritischen Überblick 1980. 315 S., 28 Abb., 51 Tab., 8°, 380 g, >6457< [0305]	753 395 5	**20,—**
Hartmann, Wolfgang: Geometrische Modelle zur Analyse empirischer Daten 1979. 255 S., 17 Abb., 5 Tab., 8°, 290 g, >6511< [1064]	762 625 4	**38,—** **A 48,—**
Hasse, Helmut: Number Theory. Edited and Prepared for Publication by Horst Günter Zimmer — in engl. Sprache — V 1 1979. XVII, 638 S., 49 Abb., gr. 8°, 1070 g, Leinen >6296 engl.< [1055]	762 175 2	**88,—**
Hauf, Gerhard: Paraneoplasien. Tumorsyntropien und Tumorsyndrome der Haut (s. **Hagedorn**)		
Hecht, K. (H): Chronobiologie — Chronomedizin (Abhandlg. d. **AdW**, Jg 79/1/N)		

	EDV-Nr.	M
Heil, W.: Über die Anwendung der IR-Spektroskopie in der Arzneimittelkontrolle (Kommentar z. Arzneibuch, 5)		
Heim, Joachim: Organische Leiter, Halbleiter und Photoleiter (WTB, Reihe Mathematik/Physik)		
Heine, Heinrich — Säkularausgabe Werke — Briefwechsel — Lebenszeugnisse		
Bd 1: Gedichte 1812—1827 Bearbeitet von Hans Böhm 1979. 272 S., gr. 8°, 700 g, Leinen ›3057/1‹	753 285 6	**24,—**
Bd 2: Gedichte 1827—1844 und Versepen Bearbeitet von Irmgard Möller und Hans Böhm 1979. 384 S., gr. 8°, 860 g, Leinen ›3057/2‹	753 619 5	**32,—**
Bd 4: Tragödien — Frühe Prosa 1820—1831 Bearbeitet von Karl Wolfgang Becker 1980. ›3057/4‹	753 716 3	
Bd 9: Prosa 1836—1840 Bearbeitet von Fritz Mende 1979. 399 S., gr. 8°, 950 g, Leinen ›3057/9‹	753 286 4	**33,—**
Bd 10: Pariser Berichte 1840—1848 Bearbeitet von Lucienne Netter 1979. 296 S., gr. 8°, 750 g, Leinen ›3057/10‹	753 263 7	**25,—**
Bd 15: Tableaux de Voyage II. Italie Bearbeitet von René Anglade 1979. 230 S., gr. 8°, 650 g, Leinen ›3057/15‹	753 356 8	**20,—**
Bd 25K: Briefe an Heine 1837—1841. Kommentar Bearbeitet von Christa Stöcker 1979. 298 S., gr. 8°, 680 g, Leinen ›3057/25K‹	753 424 5	**38,—**
Bd 26K: Briefe an Heine 1842—1851. Kommentar Bearbeitet von Christa Stöcker 1979. 346 S., gr. 8°, 820 g, Leinen ›3057/26K‹	753 511 7	**44,—**
Bd 27K: Briefe an Heine 1852—1856. Kommentar Bearbeitet von Christa Stöcker 1980. 323 S., gr. 8°, 780 g, Leinen ›3057/27K‹	753 674 2	**42,—**
Heine, Horst: Arterielle Durchblutungsstörungen, Aortensyndrom und ischämische Herzkrankheit (Moderne Biowissenschaften, 5)		
—, —: Extrakranielle zerebrale Arteriosklerose (Moderne Biowissenschaften, 15)		
Heinemann, Gisela u. Lothar: Extrakranielle zerebrale Arteriosklerose (Moderne Biowissenschaften, 15)		

	EDV-Nr.	M
Heinisch, Emanuel: Biogeochemische Kreisläufe persistenter organischer Verbindungen (Sitzungsber. d. AdW, Jg 78/20/N)		
Heinrich, Martin: Mechanik der Kontinua (WTB, Reihe Mathematik/Physik)		
Heitzer, Heinz (H): Die DDR in der Übergangsperiode (s. Badstübner)		
Hemminger, Wolfgang/Günther Höhne: Grundlagen der Kalometrie (Lizenzausgabe d. Verlages Chemie GmbH. Weinheim/Bergstr.) V 2 1980. XVI, 256 S., 110 Abb., 6 Tab., gr. 8°, 730 g, Leinen >6587< [1237]	762 830 5	**88,—**
Henkel, Otto (H): Strukturabhängiges mechanisches Verhalten von Festkörpern (Abhandlg. d. AdW, Jg 78/1/N)		
Hering, Wolfgang: Die Dialektik von Inhalt und Form bei Horaz (Schriften z. Geschichte u. Kultur d. Antike, 20)		
Herrmann, Falko H.: Einführung in die klinische Genetik (WTB, Reihe Biologie)		
—, —: Das Hämoglobin des Menschen (WTB, Reihe Biologie)		
Herrmann, Joachim: Ökonomie und Gesellschaft an der Wende von der Antike zum Mittelalter (Sitzungsber. d. AdW, Jg 79/13/G)		
—, —: Wikinger und Slawen. Zur Frühgeschichte der Ostseevölker 1981. >6003< [0225]	752 181 5	
—, — (H): Die Slawen in Deutschland Geschichte und Kultur der slawischen Stämme westlich von Oder und Neisse vom 6. bis 12. Jahrhundert — Ein Handbuch 3., unveränderte Auflage [0225] 1979. IX, 530 S., 129 Abb., dav. 47 auf 24 Taf. u. 3 mehrf. Taf., 1 Falttaf., gr. 8°, 1250 g, Leinen >5804< 4. Auflage in Vorbereitung	751 728 5	**(40,—)** **A (48,—)**
Herrmann, Rudolf / Uwe Preppernau: Elektronen im Kristall V 1 1979. XIV, 418 S., 179 Abb., 14 Tab., gr. 8°, 950 g, Leinen >6379< [1184]	762 080 5	**78,—**
Herrmann-Winter, Renate: Studien zur gesprochenen Sprache im Norden der DDR (Sprache u. Gesellschaft, 14)		
Heß, Moses: Philosophische und sozialistische Schriften 1837—1850 (Philosophische Studientexte, außerhalb der Reihe)		
Heuer, Uwe-Jens: Die gesellschaftliche Wirksamkeit des Wirtschaftsrechts (Sitzungsber. d. AdW, Jg 79/11/G)		

		EDV-Nr.	M
Hexelschneider, Erhard: Sowjetliteratur in bürgerlicher Sicht (Literatur u. Gesellschaft, 55)			
Heyer, Wolfgang: Zur Sorption an Tetracalciumalumnathydroxysalzen (Sitzungsber. d. SAW, math.-nat. Kl., Bd 113/7)			
Hildebrandt, Gunther (H): Opposition in der Paulskirche (Schriften d. Zentralinst. f. Geschichte, 70)			
Hinkel, Friedrich W.: Auszug aus Nubien 1979. 104 S., 54 Abb. u. 16 Karten i. Text, 173 Abb. auf 74 Taf., dav. 20 farb., 4°, 1400 g, Leinen >6066<	[5385]	752 443 4	**34,—**
Hintze, Fritz (H): Africa in Antiquity (Meroitica, 5)			
Hinz, Wilhelm: Vitrokerame — Keramovitrone (Sitzungsber. d. AdW, Jg 79/4/N)			
Hippokrates: Über die Krankheiten III (Corpus Medicorum Graecorum, 23)			
Historiker-Gesellschaft **Die Entstehung des Menschen und der menschlichen Gesellschaft** IX. Tagung der Fachgruppe Ur- u. Frühgeschichte vom 9. bis 11. Mai 1977 in Frankfurt/O. Hrsg. v. Friedrich Schlette 1980. 207 S., 53 Abb., gr. 8°, 340 g, >6546<	[0225]	753 680 6	**16,—**
Höft, Herbert (H): Elektrische Kontakte (S. Schneider)			
Höhne, Günther: Grundlagen der Kalometrie (s. Hemminger)			
Hoehnke, Hans-J. (H): Algebraische Modelle, Kategorien und Gruppoide (Studien z. Algebra u. ihre Anwendungen, 7)			
Hörz, Herbert (H): Gesetz — Entwicklung — Information (Schriften z. Philosophie u. ihrer Geschichte, 16)			
—, —: Zufall (Schriften z. Philosophie u. ihrer Geschichte, 24)			
Hoffmeister, Manfred (H): Forschungsarbeiten zur Strömungsturbulenz (Schriftenreihe d. Zentralinst. f. Mathematik u. Mechanik, 28)			
Hofmann, Eberhard: Zellbiochemie (WTB, Reihe Biologie)			
—, —: Funktionelle Biochemie des Menschen (WTB, Reihe Biologie)			
Hofmann, Hans-Jörg: MO-theoretische Methoden in der organischen Chemie (WTB, Reihe Chemie)			
Hofmann, Jürgen: Das Ministerium Camphausen — Hansemann (Schriften d. Zentralinst. f. Geschichte, 66)			

EDV-Nr. M

Hofmann, Ulrich (H): Strukturabhängiges mechanisches Verhalten von Festkörpern
(Abhandlg. d. AdW, Jg 78/1/N)

Holl, Karl (H): Epiphanius II
(Griech. Christl. Schriftsteller)

Hollatz, Horst (H): Numerische Verfahren in Aktion
Band 1: Moduln für lineare Gleichungssysteme
(s. Friedrich)

Holzer, Horst: Evolution oder Geschichte?
Einführung in Theorien gesellschaftlicher Entwicklung
V 2 1979. 194 S., 8°, 170 g, >6550< [0125] 753 699 6 **14,80**

Humboldt, Alexander von —. Lateinamerika am Vorabend der Unabhängigkeitsrevolution
(Beiträge z. Alexander-von-Humboldt-Forschung, 5)

Humak, K. M. S.: Statistische Methoden der Modellbildung, Band II
(Math. Lehrbücher u. Monographien, II. Abt./44)

Hypertonie, Arterielle —
Hrsg. v. Rudolf Baumann, Harald Dutz, Stefan Nitschkoff

Bd I: Pathophysiologie. Klinik und Modellexperiment

Bd. II: Diagnostik, Therapie und Prophylaxe
1980. >6512/1 u. 2< [2115] 762 626 2 **A 180,—**

Iatrus-Krivina
(Schriften z. Geschichte u. Kultur d. Antike, 17)

Ideenkampf, Der philosophische — in der Naturwissenschaft
(Probleme der modernen Welt, 5)
Lizenzausgabe d. Redaktion „Gesellschaftswissenschaften und Gegenwart" d. AdW d. UdSSR
V 6 1980. >6531< [0165] 753 605 6

Ideologie und Politik
(Schriften z. Philosophie u. ihrer Geschichte, 20)

Immunhämatologische Prüfmethoden in der Laboratoriumsdiagnostik
(Kommentare z. Arzneibuch d. DDR, 8)

Informatik — Kybernetik — Rechentechnik
Herausgegeben von der Akademie der Wissenschaften der DDR, Zentralinstitut für Kybernetik und Informationsprozesse

1 **Dieter Bochmann / Christian Posthoff: Binäre dynamische Systeme**
V 3 1981. >6391< [1085] 762 361 9

2 **Siegfried Unger / Fritz Wysotzki: Lernfähige Klassifizierungssysteme**
1981. >6372< [1085] 762 356 3

	EDV-Nr.	M
3 **Heinz Stahn: Analyse automatisierter Systeme diskreter technologischer Prozesse** 1981. >6584<	762 820 9	
Internationale Reihe des Zentralinstituts für Geschichte der AdW der DDR		
6 Forschungsergebnisse zur Geschichte des deutschen Imperialismus vor 1917 Hrsg. v. B. A. Aisin und W. Gutsche im Auftrage d. Kommission f. Allgemeine Geschichte d. AdW d. UdSSR u. d. Zentralinstituts f. Geschichte 1980. 263 S., 6 Tab., g. 8°, 430 g, >2169/6< [0265]	753 745 4	**25,–**
Internationales Symposium Reinhardsbrunn VI. Reinardsbrunner Symposium 1978 (Abhandlg. d. AdW, Jg 79/3/N)		
Irmscher, Johannes: Das Antikelbild unserer Gegenwart (Sitzungsber. d. AdW, Jg 79/4/G)		
–, – (H): Antikerezeption, deutsche Klassik und sozialistische Gegenwart (Schriften d. Winckelmann-Gesellschaft, 5)		
Jacimirskij, K. B.: Einführung in die bioanorganische Chemie (Übersetzung aus dem Russischen; bearb. u. hrsg v. Horst Hennig u. Helmut Müller) 1980. 134 S., 16 Abb., 31 Tab., 8°, 250 g, Leinen >6478< [1254/1314]	762 558 2	**14,–**
Jackisch, Gerhard: Johann Heinrich Lamberts „Cosmologische Briefe" mit Beiträgen zur Frühgeschichte der Kosmologie (WTB, Reihe Texte u. Studien)		
Jaeck, Hans-Peter: Die französische bürgerliche Revolution von 1789 im Frühwerk von Karl Marx (1843–1846). Geschichtsmethodologische Studien V 1 1979. V, 194 S., gr. 8°, 330 g, >6522< [0235]	753 569 4	**18,–**
Jänisch, Werner: Ergebnisse der experimentellen Hirntumorforschung und ihre Bedeutung für die klinische Neuroonkologie (Sitzungsber. d. AdW, Jg 79/11/N)		
Jahrbuch der Akademie der Wissenschaften der DDR		
1977: 1978. 732 S., 33 Abb., dav. 11 mehrfarb. Taf., gr. 8°, 1390 g, Leinen >1002/77<	753 516 8	**(75,–)**
1978: 1979. 669 S., 8 Abb., 4 Tab., gr. 8°, 1510 g, Leinen >1002/78< [0305]	753 714 7	**(64,–)**
Jahrbuch der Sächsischen Akademie der Wissenschaften zu Leipzig Im Auftrag d. Akademie zusammengestellt u. hrsg. v. Gerald Wiemers [0720]		
1975 bis 1976: 1979. 364 S., 7 Abb. i. Text, 8 Taf., gr. 8°, 630 g, >1011/75–76<	753 405 0	**48,–**
1977 bis 1978: 1980. >1011/77–78<	753 757 7	**50,–**

	EDV-Nr.	M
Jahrbuch des Museums für Völkerkunde zu Leipzig [0705]		
18: **Bd XXXII:** Beiträge zur ethnographischen Wirtschafts- und Sozialforschung. Ergebnisse einer Tagung aus Anlaß des 80. Geburtstages von Julius Lips 1980. 304 S., gr. 8°, 490 g, >2085/II/18<	753 342 9	**32,—**
19: **Bd XXXIII** 1980. >2085/II/19<	753 671 8	
Jahrbuch „Forschungen und Berichte der Staatlichen Museen zu Berlin" Hrsg. v. d. Staatlichen Museen zu Berlin [8108]		
19: Kunsthistorische und volkskundliche Beiträge 1979. 216 S., 66 Abb. i. Text, 42 Taf., 4°, 710 g, >2081/19<	753 496 6	**62,—**
20/21: Jubiläumsband 150 Jahre Staatliche Museen zu Berlin 1980. 686 S., 508 Abb., 13 Taf., 4°, Leinen >2081/20/21<	753 760 6	**150,—**
Jahrbuch für Geologie Hrsg. v. Zentralen Geologischen Institut, Berlin, im Auftrag des Ministeriums f. Geologie beim Ministerrat der DDR [1415]		
Bd 11 — 1975 1981. >3052/11<	762 488 1	
Jahrbuch für Geschichte		
Bd 19: Johann Gottfried Herder und progressive bürgerliche Geschichts- und Gesellschaftstheorien zwischen 1720 und 1850. Hrsg. v. Hans Schleier 1979. 391 S., gr. 8°, 740 g, Lederin >2130/19<	753 348 8	**(25,—)** **A (30,—)**
Bd 20: 1979, 361 S., gr. 8°, 690 g, Lederin >2130/20<	753 535 2	**25,—** **A 30,—**
Bd 21: 1980. 419 S., gr. 8°, 820 g, Lederin >2130/21<	753 712 0	**25,—** **A 30,—**
Jahrbuch für Geschichte des Feudalismus Hrsg. v. Zentralinstitut für Geschichte der AdW [0225]		
Band 3 — 1979. 443 S., 7 Abb., 4 Diagramme, 9 Tab., gr. 8°, 830 g, Lederin >3066/3<	753 551 2	**48,—**
Band 4 — 1980. >3066/4<	753 755 0	**48,—**
Band 5 — 1981. >3066/5<	753 874 8	
Jahrbuch für Soziologie und Sozialpolitik Hrsg. v. Institut f. Soziologie und Sozialpolitik d. AdW [0185]		
1980. 368 S., 16 Abb., 25 Tab., gr. 8°, 740 g, Lederin >2183/1<	753 778 8	**25,—**
Jahrbuch für Volkskunde und Kulturgeschichte Hrsg. v. Zentralinstitut für Geschichte, Wissenschaftsbereich Kulturgeschichte/Volkskunde [0705]		
22. Band — Jahrgang 1979 1979. 316 S., 30 Abb., dav. 21 auf 18 Taf., g. 8°, 700 g, >2166/7<	753 625 9	**(25,—)**

		EDV-Nr.	M
23. Band — Jahrgang 1980			
1980. 316 S., 7 Abb., gr. 8°, 650 g, ⟩2166/8⟨		753 677 7	**25,—**
Jahrbuch für Wirtschaftsgeschichte	[0305]		
Hrsg. v. Institut für Wirtschaftsgeschichte der AdW der DDR			
Jahrgang 1978			
Teil IV — 1978. 290 S., 2 Übersichten, 5 Tab., gr. 8°, 470 g, ⟩2103/78/4⟨		753 385 9	**18,—** **A 28,—**
Sonderband: Studien zu den Agrarreformen des 19. Jahrhunderts in Preußen und Rußland			
1978, 353 S., 85 Tab., gr. 8°, 590 g, ⟩2103/78/S⟨		753 284 8	**18,—** **A 28,—**
Jahrgang 1979			
Teil I — 1979. 295 S., 15 Abb., gr. 8°, 440 g, ⟩2103/79/1⟨		753 691 0	**18,—** **A 28,—**
Teil II — 1979. 301 S., 7 Abb., 25 Tab., gr. 8°, 480 g, ⟩2103/79/2⟨		753 692 9	**18,—** **A 28,—**
Teil III — 1979. 308 S., 30 Tab., gr. 8°, 500 g, ⟩2103/79/3⟨		753 693 7	**(18,—)** **A (28,—)**
Teil IV — 1979. 315 S., gr. 8°, 510 g, ⟩2103/79/4⟨		753 694 5	**18,—** **A 28,—**
Jahrgang 1980			
Teil I — 1980. 286 S., 11 Tab., gr. 8°, 480 g, ⟩2103/80/1⟨		753 817 4	**18,—** **A 28,—**
Teil II — 1980. 312 S., gr. 8°, 500 g, ⟩2103/80/2⟨		753 818 2	**18,—** **A 28,—**
Teil III — 1980. ⟩2103/80/3⟨		753 819 0	**18,—** **A 28,—**
Teil IV — 1981. ⟩2103/80/4⟨		753 820 3	
Gesamtinhaltsverzeichnis 1960—1979 1981. ⟩2103/80/7⟨		753 821 1	**18,—** **A 28,—**
Jahresberichte für deutsche Geschichte			
Hrsg. v. Zentralinstitut für Geschichte d. AdW, Abteilung Information u. Dokumentation	[0207]		
Neue Folge			
28/29/1976/77: 1979. 942 S., gr. 8°, 1960 g, ⟩2060/28/29/1976/77⟨		753 517 6	**180,—**
30/31/1978/79; 1981. ⟩2060/30/31/1978/79⟨		753 831 8	
Jakubke, Hans-Dieter / Hans Jeschkeit: Aminosäuren, Peptine, Proteine			
3., bearbeitete u. wesentlich erweiterte Auflage			
V 1 1981. ⟩5701⟨	[1275]	762 475 0	
Jante, Alfred: Kraftfahrtmechanik			
2., bearbeitete Auflage			
1980. ⟩6396⟨	[3444]	762 397 7	

EDV-Nr. M

Jentsch, Lothar: Zur Elastizitäts- und Thermoelastizitätstheorie
(Mathematische Forschung, 4)

Jeschkeit, Hans: Aminosäuren, Peptine, Proteine
(s. Jakubke)

Justschenko, J. L.: Algebra, Programmierung
(s. Gluschkow)

Kabisch, Gunter: Schwingungsspektroskopische und Kernresonanzuntersuchungen an Tetraalkylammoniumsalzlösungen
(Abhandlg. d. SAW, math.-nat. Klasse, Bd 54/2)

Kammer, Hans-Werner / Kurt Schwabe: Einführung in die statistische Thermodynamik
2., bearbeitete Auflage 1979. 157 S., 20 Abb., 3 Tab., 8°, 300 g, 〉5874〈
[1214] 761 489 4 **16,—**

Kanewez, Georgi: Berechnung von Wärmeübertragersystemen und deren Elementen
(Grundlagen d. Verfahrenstechnik u. chem. Technologie, 11)

Karl-Marx-Stadt
(Werte unserer Heimat, 33)

Katzenstein, Alfred: Psychotherapie. Wege zur Veränderung von Einstellung und Verhalten.
Ausgewählt u. hrsg. von Elfriede Kriegel, Irmgard Gaefke u. Ellen Sitte
1980. XIII, 404 S., 42 Abb., 2 Tab., gr. 8°, 550 g, Leinen 〉6589〈 [2185] 762 845 2 **48,—**

Kazmierczak, H. (H): Erfassung und maschinelle Verarbeitung von Bilddaten
Grundlagen und Anwendungen
(Lizenzausgabe des Springer Verlages, Wien, New York)
V 2 1980. 〉6567〈 [1085] 762 778 3

Kebir, Sabine: Die Kulturkonzeption Antonio Gramscis.
(Literatur u. Gesellschaft, 70)

Kedrow, B. M. (H): Das Neutron
(WTB, Reihe Texte u. Studien)

Kees, Hermann: Das alte Ägypten. Eine kleine Landeskunde
Mit einem Namen-, Orts- u. Sachregister von Adelheit Burkhardt.
V 1 4. Auflage. 1979. VIII, 229 S., 56 Abb. auf 34 Taf., 1 Karte als Beilage, gr. 8°, 600 g, Leinen 〉5163〈 [0705] 751 916 8 **25,—**

—, —: Der Götterglaube im alten Ägypten
4., unveränderte Aufl. 1980. XIV, 502 S., 20 Abb. auf 10 Taf., 14 Abb. im Text, gr. 8°, 1020 g, Leinen 〉5186〈 [0705] 751 918 4 **40,—**

—, —: Totenglauben und Jenseitsvorstellungen der alten Ägypter. Grundlagen und Entwicklung bis zum Ende des Mittleren Reiches
4., unveränderte Aufl. 1980. VIII, 316 S., 7 Taf., gr. 8°, 690 g, Leinen 〉5213〈 [0705] 751 917 6 **55,—**

		EDV-Nr.	M
Keilschrifturkunden aus Boghazköi			
Hrsg. v. Zentralinstitut f. Alte Geschichte und Archäologie der AdW d. DDR	[0876]		
15: Heft XLIX — Alfonso Archi: Hethitische Orakeltexte 1979. IX S., 50 Taf., 4°, 780 g, Halbleinen ›2046/15‹		753 532 8	**(48,—)**
16: Heft L: Alfonso Archi: Hethitische Orakeltexte 1979. X S., 50 Taf., 4°, 780 g, Halbleinen ›2046/16‹		753 630 4	**(48,—)**
Keller, Ott-Heinrich: Anschaulichkeit und Eleganz beim Alexanderschen Dualitätssatz (Sitzungsber. d. SAW, math.-nat. Kl., Bd 114/3)			
Keune, Hans Georg (H): Arzneimittel- und Apothekenrecht der DDR (s. dort)			
Khalatbari, Parviz (H): Räumliche Bevölkerungsbewegung in sozialistischen Ländern (Beiträge z. Demographie, 4)			
—, — (H): Bevölkerungstheorie und Bevölkerungspolitik Beiträge z. Demographie, 5)			
Kienitz, Hermann (H): Analytiker-Taschenbuch (s. dort)			
Kirsten, Christa: Albert Einstein in Berlin 1913—1933 (Studien z. Geschichte d. AdW, 6,7)			
Kitaigorodski, A. I.: Molekülkristalle (Autorisierte Übersetzung aus dem Russischen; in dt. Spr. hrsg. von Hermann Neels u. Günther Kühn) 1979. VII, 361 S., 172 Abb., 44 Tab., gr. 8°, 800 g, Leinen ›6376‹	[1174]	762 347 5	**68,—**
Klämt, A.: Temperatur und Wärmehaushalt des thermisch belasteten Stechlin- und Nehmitzsee (Abhandlg. d. MD, 123)			
Klar, Richard: Rechtsfragen internationaler Forschungseinrichtungen in den Mitgliedsländern des RGW (Staats- u. rechtstheoret. Studien, 6)			
Klein, Fritz (H): Neue Studien zum Imperialismus vor 1914 (Schriften d. Zentralinst. f. Geschichte, 63)			
Kleinpeter, Erich: ^{13}C-NMR-Spektroskopie in der organischen Chemie (WTB, Reihe Chemie)			
Klenner, Hermann: John Locke und der Formierungsprozeß der politisch-juristischen Standardtheorie des Bürgertums (Sitzungsber. d. AdW, Jg 79/10/G)			
Klinger, Wolfgang: Entwicklungspharmakologie — Entwicklungstoxikologie (Sitzungsber. d. AdW, Jg 79/2/N)			

	EDV-Nr.	M
Klinkowski, Maximilian: Pflanzliche Virologie Begründet von Maximilian Klinkowski. Hrsg. im Auftrage des Instituts für Phytopathologie Aschersleben der AdLW der DDR von Klaus Schmelzer und Dieter Spaar 3., wesentlich überarbeitete u. ergänzte Auflage [4275] **Bd 1: Einführung in die allgemeinen Probleme.** Hrsg. v. Dieter Spaar 1980. VII, 646 S., 236 Abb., 1 Titelbild, 2 Falttaf., 41 Tab., gr. 8°, 1800 g, Leinen ⟩5277/1⟨	762 410 1	**110,—**
Klose, G.: Lehrbuch der allgemeinen Physik (s. Geworkjan)		
Klotz, Günther: Individuum und Gesellschaft im englischen Drama der Gegenwart (Literatur u. Gesellschaft, 5)		
—, — (H): Romane im 20. Jahrhundert: USA, England, Frankreich, BRD (Literatur u. Gesellschaft, 66)		
Klug, Herbert: Bau und Funktion von Zellen. Eine Einführung in die medizinische Zellbiologie 1980. X, 304 S., 138 Abb., 8°, 550 g, Paperback ⟩6558⟨ [1335]	762 758 0	**25,—**
Kneis, G. (H): Convergence Structures and Applications to Analysis (Abhandlg. d. AdW, Jg 79/4/N)		
Knorre, Wolfgang A.: Pharmakokinetik (WTB, Reihe Biologie)		
Kobe, Sigismund: Amorphe Ferro- und Ferrimagnetika (s. Handrich)		
Koch, Ursula: Über den Einfluß der chemischen Struktur von Dispersionsfarbstoffen auf deren Dispersionsstabilität (Sitzungsber. d. SAW, math.-nat. Kl., Bd 113/6)		
König, Dieter: Queues and Point Processes (Math. Lehrbücher u. Monographien, II. Abt. / 53)		
Köpp, Claus Friedrich: Literaturwissenschaft. Literaturwissenschaftstheorie, Forschungssystematik und Fachsprache 1980. 460 S., 6 Abb., gr. 8°, 950 g, ⟩6482⟨ [8001]	753 468 3	**42,—**
Kommunikation, Aufgabenbezogene — bei älteren Vorschulkindern (Sprache u. Gesellschaft, 12)		
Kossok, Manfred (H): Fallstudien. Revolution in der Neuzeit 1500—1917 1981. ⟩6513⟨ [0235]	753 530 1	
—, — (H): Weltgeschichte im Revolutionsquadrat (s. Markov)		
Koziolek, Helmut: Grundlegende Zusammenhänge zwischen ökonomischer und sozialer Effektivität im entwickelten Sozialismus (Sitzungsber. d. AdW, Jg 79/8/G)		

		EDV-Nr.	M
Koziolek, Helmut: Zu einigen Problemen des ökonomischen Wachstums im Sozialismus (Sitzungsber. d. AdW, Jg 79/9/G)			
Krause, Fritz / Karl-Heinz Rädler: Mean-Field Magnetohydrodynamics and Dynamo Theory — in englischer Sprache — V 1 1980. 271 S., 46 Abb., 5 Tab., 8°, 470 g, ⟩5948⟨	[1195]	761 626 7	**48,–**
Krause, Werner: Grundlinien des ökonomischen Denkens in Deutschland 1848 bis 1945 (Schriften d. Zentralinst. f. Wirtschaftswiss., 4)			
Krenzlin, Norbert: Das Werk „rein für sich" (Literatur u. Gesellschaft, 49)			
Kreß, Dieter: Theoretische Grundlagen der Übertragung digitaler Signale 1979. 238 S., 109 Abb., 4 Tab., 8°, 320 g, ⟩6497⟨	[3054]	762 217 3	**32,–**
Kröber, Günter: Wissenschaft und friedliche Koexistenz (Sitzungsber. d. AdW, Jg 79/12/G)			
Krug, M. (H): Biological Aspects of Learning, Memory Formation and Ontogeny of the CNS (Abhandlg. d. AdW, Jg 78/5/N)			
Kubiński, Tadeusz: An Outline of the Logical Theory of Questions — in englischer Sprache — 1980. 143 S., 8°, 300 g, Leinen ⟩6532⟨	[0145]	753 610 1	**28,–**
Kubitscheck, H. D.: Geschichte Indonesiens (Taschenbuch Geschichte, 30)			
Kuczynski, Jürgen: Gesammelte Studien zur Geschichte und Theorie des Kapitalismus 1979. 362 S., 3 Abb., 122 Tab., gr. 8°, 800 g, Leinen ⟩6526⟨	[0305]	753 573 1	**(28,–)**
—, —: Geschichte des Alltags des deutschen Volkes (5 Bände) Studien. I. 1600 bis 1650. Mit einem Abschnitt über Arbeit und Arbeitswerkzeuge von Wolfgang Jacobeit V 3 1980. 379 S., gr. 8°, 900 g, Leinen ⟩6571/1⟨	[0265]	753 776 1	**25,–**
—, —: Prolegomena zu einer Geschichte des Alltags des deutschen Volkes (Sitzungsber. d. AdW, Jg 80/4/G)			
Kultur und Ethnos (Veröffentl. z. Volkskunde u. Kulturgeschichte, 68)			
Kulturgeschichte der Antike (Veröffentl. d. Zentralinst. f. Alte Geschichte u. Archäologie, 6)			
Kulturpflanze, Die — Mitteilungen aus dem Zentralinstitut für Genetik und Kulturpflanzenforschung Gatersleben der AdW d. DDR Hrsg. v. H. Böhme, W. R. Müller-Stoll, K. Müntz, R. Rieger, A. Rieth, H. Stubbe	[1355]		

	EDV-Nr.	M
XXVII: 1979. 318 S., 62 Abb., dav. 9 auf 2 Taf., 23 Tab., 2 Karten, gr. 8°, 670 g, >2052/27<	762 633 4	**60,–**
XXVIII: 1980. >2052/28<	762 671 3	
Kunze, Jürgen: Modellierung in der Linguistik und automatische Sprachverarbeitung (Sitzungsber. d. AdW, Jg 80/3/N)		
Kurze, Manfred: Einführung in die Petrologie (s. Pfeiffer)		
Kutzschbauch, Kurt: Entgiftung und Deponie von toxischen Produkten und Abprodukten (Sitzungsber. d. AdW, Jg 79/18/N)		
Kutzsche, W. (H): Grundlagen der Schaltungsentwicklung (s. Schneider)		
Kuznecov, B. G.: Philosophie — Mathematik — Physik. Eine Geschichte der Philosophie für Physiker und Mathematiker (Übersetzung aus dem Russischen; in dt. Spr. mit einer Einleitung hrsg. v. Siegfried Wollgast) 1981. >6467< [0105]	753 418 1	
Laborfermentoren, Entwicklung von — (Abhandlg. d. AdW, Jg 79/3/N)		
Landau, L. D. / E. M. Lifschitz: Lehrbuch der Theoretischen Physik [1114] (Übersetzung aus dem Russischen; in dt. Spr. hrsg. v. Paul Ziesche) — Als Lehrbuch für die Ausbildung an Universitäten u. Hochschulen d. DDR anerkannt —		
Band I: Mechanik. Hrsg. v. Paul Ziesche 10., unveränderte Auflage 1981. X, 231 S., 56 Abb., gr. 8°, 550 g, Leinen >5436/I<	760 201 7	**16,–**
Band II: Klassische Feldtheorie. Hrsg. v. Hans-Georg Schöpf 8., bearbeitete Auflage 1981. XIV, 481 S., 25 Abb., gr. 8°, 900 g, Leinen >5436/II<	760 218 0	**26,–**
Band III: Quantenmechanik. Hrsg. v. Paul Ziesche 6., unter Mitwirkung von L. P. Pitajewski bearbeitete Auflage 1979. XIV, 644 S., 57 Abb., 11 Tab., gr. 8°, 1320 g, Leinen >5436/III<	762 172 8	**39,–**
Band IV: W. B. Berestetzki, E. M. Lifschitz, L. P. Pitajewski: **Relativistische Quantentheorie.** Hrsg. v. Adolf Kühnel u. Paul Ziesche 4., bearbeitete Auflage 1980. XV, 586 S., 24 Abb., gr. 8°, 1210 g, Leinen >5436/IV<	762 547 0	**38,–**
Band V: Statistische Physik. Hrsg. v. Richard Lenk u. Paul Ziesche Teil 1: 5. von E. M. Lifschitz u. L. P. Pitajewski ergänzte Auflage 1979. XVII, 517 S., 78 Abb., 3 Tab., gr. 8°, 1120 g, Leinen >5436/V<	762 317 6	**36,–**
Band VI: Hydrodynamik Hrsg. von Wolfgang Weller 4., unveränderte Auflage 1981. XIV, 618 S., 119 Abb., gr. 8°, 1180 g, Leinen >5436/VI<	760 243 9	**38,–**

		EDV-Nr.	M
	Band VIII: Elektrodynamik der Kontinua. Hrsg. v. Gerd Lehmann Berichtigter Nachdruck der 3. Auflage 1980. XI, 480 S., 46 Abb., gr. 8°, 1050 g, Leinen >5436/VIII<	760 245 5	**32,—**
	Bd IX: E. M. Lifschitz / L. P. Pitajewski: **Statistische Physik** Teil 2: Theorie des kondensierten Zustandes In dt. Sprache hrsg. v. Helmut Eschrig . 1980. XII, 390 S., 18 Abb., gr. 8°, 870 g, Leinen >5436/9<	762 318 4	**28,—**
	Landau, L. D. / E. M. Lifschitz: Theoretische Physik kurzgefaßt		
	Band II: Quantentheorie (Übersetzung aus dem Russischen; in dt. Spr. hrsg. v. Siegfried Matthies) 2. Auflage		
V 3	1980. XVIII, 316 S., 21 Abb., gr. 8°, 745 g, Leinen >5879/II< [1114]	761 848 1	**22,—** **A 34,—**
	Lange, Dieter (H): Reprintreihe „Antifaschistische Literatur in der Bewährung" (s. dort)		
	Lange, Werner: Rohstoffprobleme — Strategie und Planung (Sitzungsber. d. AdW, Jg 79/3/N)		
	Langen, Eva-Maria: Technisierungsgrad der Arbeit und Qualifikation der Produktionsarbeiter (Forschungsber. d. Zentralinst. f. Wirtschaftswiss., 31)		
	Lanius, Karl: Physik der Elementarteilchen (WTB, Reihe Mathematik/Physik)		
	Laser, Rudolf: Die römischen und frühbyzantinischen Fundmünzen auf dem Gebiet der DDR (Schriften z. Ur- u. Frühgeschichte, 28)		
	Lazar, Ján: Eigentum in der bürgerlichen Rechtstheorie (Beiträge z. Kritik d. bürgerl. Ideologie u. d. Revisionismus, 7)		
	Leibniz — Ausgabe Gottfried Wilhelm Leibniz — Sämtliche Schriften und Briefe [0116] Hrsg. v. d. Leibniz-Archiv der Niedersächsischen Landesbibliothek Hannover		
	Reihe I: Allgemeiner politischer und historischer Briefwechsel		
	10. Band 1694. Bearbeitet von Gerda Utermöhlen / Günter Scheel / Kurt Müller 1979. LXVI, 817 S., 3 Abb., gr. 8°, 1750 g, >3001/I/10<	753 514 1	**170,—**
	11. Band 1695. Bearbeitet v. Wolfgang Bungies, Albert Heinekamp, Alfred Schröcker, Franz Schupp 1981. >3001/I/11<	753 740 3	
	Leonhard, Karl: Aufteilung der endogenen Psychosen 5., bearbeitete Auflage 1980. VIII, 342 S., 33 Tab., gr. 8°, 730 g, Lederin >5245< [2185]	762 640 6	**42,—** **A 68,—**

		EDV-Nr.	M
Leont'ev, A. A.: Grundlagen der Theorie der sprachlich-kommunikativen Tätigkeit (Sprache u. Gesellschaft, 13)			
Lerch, Gerhard: Pflanzenökologie (WTB, Reihe Biologie)			
Lexikon der Kybernetik Im Auftrage des Zentralinstituts für Kybernetik und Informationsprozesse der AdW in deutscher Sprache hrsg. von Günter Laux (stark überarbeitete u. erweiterte Übersetzung aus dem Russischen)			
Band 1: A—E 1980. 755 S., 120 Abb., 19 Tab., 1 Falttab., 8°, 1080 g, Lederin ⟩6297/1⟨	[1097]	762 192 0	**70,—**
Band 2: F—L 1980. ⟩6297/2⟨		762 193 9	
Band 3: M—R 1981. ⟩6297/3⟨		762 601 9	
Band 4: S—Z 1981. ⟩6297/4⟨		762 602 7	
Lichtenheldt, Willibald / Kurt Luck: Konstruktionslehre der Getriebe 5., bearbeitete u. erweiterte Auflage 1979. XII, 354 S., 566 Abb. u. Konstruktionstaf., 1 Tab., gr. 8°, 740 g, Leinen ⟩5410⟨	[3074]	762 609 4	**23,—**
Lieberwirth, Rolf: Der Staat als Gegenstand des Hochschulunterrichts in Deutschland vom 16. bis zum 18. Jahrhundert (Sitzungsber. d. SAW, phil.-hist. Kl., Bd 120/4)			
Liebscher, Wolfgang (H) unter Mitarbeit eines Autorenkollektivs: Handbuch zur Anwendung der Nomenklatur organisch-chemischer Verbindungen 1979. XIX, 1076 S., 147 Tab., gr. 8°, 1900 g, Leinen ⟩6450⟨	[1207]	762 485 7	**135,—**
Lienig, Dieter: Wasserinhaltsstoffe. Bedeutung und Erfassung 1979. 139 S., 2 Abb., 20 Tab., 8°, 180 g, ⟩6520⟨	[1234]	762 364 3	**(24,—)**
Limnologica	[1305]		
Band XI Heft 2. 1979. 531 S., 96 Abb., dav. 39 auf 12 Taf., 3 mehrfarb. Taf., 1 Falttaf., 74 Tab., 1 Titelbild, gr. 8°, 570 g, ⟩2111/11/2⟨		762 058 1	**62,—**
Band XII Heft 1. 1980. 187 S., 57 Abb., 48 Tab., gr. 8°, 320 g, ⟩2111/12/1⟨		762 647 3	**36,—**
Heft 2. 1980. 160 S., 77 Abb., 24 Tab., gr. 8°, 280 g, ⟩2111/12/2⟨		762 648 1	**32,—**
Band XIII Heft 1. 1981. ⟩2111/123/1⟨		762 650 2	
Lindner, Gerhart: Grundlagen und Anwendung der Phonetik (Sammlung AV, Sprache)			
Lintur, P. V. (H): Ukrainische Volksmärchen (Volksmärchen, 7)			

			EDV-Nr.	M
	Literatur und Gesellschaft Hrsg. von der AdW der DDR, Zentralinstitut für Literaturgeschichte			
11	Christoph Trilse: Antike und Theater heute. Betrachtungen über Mythologie und Realismus. Tradition und Gegenwart, Funktion und Methode, Stücke und Inszenierungen 2. bearbeitete u. erweiterte Auflage 1979. 348 S., 8°, 360 g, ⟩2150/11⟨		753 627 5	**12,50**
25	Gudrun Klatt: Arbeiterklasse und Theater. Agitprop — Tradition — Theater im Exil — Sozialistisches Theater 1975. 213 S., 8°, 240 g, ⟩2150/25⟨	[8001]	752 629 6	**7,—**
32	Heinz Hamm: Der Theoretiker Goethe. Grundpositionen seiner Weltanschauung, Philosophie und Kunsttheorie			
V 3	2. Auflage 1980. 267 S., 8°, 290 g, ⟩2150/32⟨	[8025]	752 640 5	**8,50** **A 15,—**
40	Dieter Schlenstedt: Wirkungsästhetische Analysen. Poetologie und Prosa in der neueren DDR-Literatur			
V 3	1979. 375 S., 8°, 350 g, ⟩2150/40⟨	[8001]	752 966 5	**12,—** **A 18,—**
49	Norbert Krenzlin: Das Werk „rein für sich". Zur Geschichte des Verhältnisses von Phänomenologie, Ästhetik und Literaturwissenschaft 1979. 192 S., 8°, 205 g, ⟩2150/49⟨	[8001]	753 142 3	**(6,—)**
53	Heinrich Olschowsky: Lyrik in Polen. Strukturen und Traditionen im 20. Jahrhundert 1979. 240 S., 8°, 260 g, ⟩2150/53⟨	[8043]	753 206 3	**7,50**
55	Erhard Hexelschneider / Wladimir J. Borstschukow: Sowjetliteratur in bürgerlicher Sicht. Kritik der Kritik 1980. 190 S., 8°, 180 g, ⟨2150/55⟩	[8030]	753 209 8	**6,50** **A 15,—**
60	Gottfried Fischborn: Stückeschreiben. Claus Hammel, Heiner Müller, Armin Stolper 1981. ⟩2150/60⟨	[8013]	753 409 3	
63	Ludwig Richter: Slowakische Literatur. Entwicklungstrends vom Vormärz bis zur Gegenwart 1979. 272 S., 8°, 290 g, ⟩2150/63⟨	[8041]	753 430 9	**8,50**
66	Günther Klotz (H): Romane im 20. Jahrhundert: USA, England, Frankreich, BRD 1980. 200 S., 8°, 190 g, ⟩2150/66⟨	[8051]	753 615 2	**(7,—)** **A (15,—)**
67	Autorenkollektiv unter Leitung von Ingeborg Münz-Koenen: Literarisches Leben in der DDR 1945 bis 1960, Literaturkonzepte und Leseprogramme 2., unveränderte Auflage 1980. 348 S., 8°, 360 g, ⟩2150/67⟨	[8011]	753 645 1	**11,—** **A 19,80**
68	Künstlerische Avantgarde. Annäherungen an ein unabgeschlossenes Kapitel. Hrsg. u. mit einer Einleitung versehen von Karlheinz Barck, Dieter Schlenstedt, Wolfgang Thierse 1979. 354 S., 8°, 390 g, ⟩2150/68⟨	[8004]	753 647 8	**(11,50)** **A (15,—)**
69	Joachim Fiebach: Kunstprozesse in Afrika. Literatur im Umbruch			
V 3	1979. 301 S., 8°, 340 g, ⟩2150/69⟨		753 664 6	**9,50** **A 12,—**

		EDV-Nr.	M
70 Sabine Kebir: Die Kulturkonzeption Antonio Gramscis. Auf dem Wege zur antifaschistischen Volksfront			
V 3 1980. 214 S., 8°, 210 g, ⟩2150/70⟨	[8051]	753 729 4	**(7,50)** **A (15,–)**
71 Wolfgang Wicht: Virginia Woolf, James Joyce, T. S. Eliot. Kunstkonzeptionen und Künstlergestalten			
1980. ⟩2150/71⟨	[8061]	753 772 9	**A 15,–**
73 Miklós Szabolcsi: Attila József. Leben und Werk			
1980. ⟩2150/73⟨	[8021]	753 774 5	**A 15,–**

Literaturgeschichte als geschichtlicher Auftrag
(Sitzungsber. d. AdW, Jg 78/5/G)

Livingstone, Elizabeth A. (H): Studia Evangelica
(Texte u. Untersuchungen z. Gesch. d. altchristl. Lit., 71)

Löffler, Helmut: Information — Signal — Nachrichtenverkehr
(Elektron. Rechnen u. Regeln, 15)

Löther, Rolf: Das Reduktionismusproblem in der Biologie
(Sitzungsber. d. AdW, Jg 79/5/N)

Lohs, Karlheinz: Entgiftung und Deponie von toxischen Produkten und Abprodukten
(Sitzungsber. d. AdW, Jg. 79/18/N)

Lommatzsch, Klaus (H): Anwendungen der linearen parametrischen Optimierung
(Math. Lehrbücher u. Monographien, II. Abt./51)

Loth, Heinrich (H): Philosophie der Eroberer und Koloniale Wirklichkeit
(Studien über Asien, Afrika u. Lateinamerika, 21)

Lozek, Gerhard: Legende oder Rechtfertigung?
(Zur Kritik d. bürgerl. Ideologie, 97)

Lulei, Wilfried: Die nationalen Einheitsfrontorganisationen in Vietnam
(Studien über Asien, Afrika u. Lateinamerika, 24)

Lutzens, H.: Zur geotektonischen Entwicklung des Harzvariszikums mit besonderer Berücksichtigung synparisoxysmaler Resedimentationsprozesse im Mittelharz
(Schriftenreihe f. Geolog. Wissenschaften, 15)

Lyr, Horst (H): Systemfungizide
(Abhandlg. d. AdW, Jg 79/2/N)

Maarse, H.: Isolation, separation and identification of volatile compounds in aroma research
(s. Rothe, Handbuch d. Aromaforschung)

Maier, Harry (H): Ökonomische Effektivität der gesellschaftlichen Produktion im entwickelten Sozialismus
(s. Braun)

	EDV-Nr.	M
Markov, Walter: Weltgeschichte im Revolutionsquadrat. Hrsg. u. eingeleitet v. Manfred Kossok (Studien z. Revolutionsgeschichte) V 1 1979. XV, 547 S., gr. 8°, 1230 g, Leinen >6501< [0235]	753 493 1	**(48,–)**
Markwardt, Fritz: Medikamentöse Beeinflussung der Thrombozytenfunktion (Sitzungsber. d. AdW, Jg 79/8/N)		
Maarse, H. Isolation, separation and identification of volatile compounds in aroma research (s. Rothe, Handbuch d. Aromaforschung)		
Martin, Dieter: Organische Synthesen mit Cyansäureestern (Neuere Forschungsergebnisse a. den chem. Wiss, 1)		
Martinetz, Dieter: Entgiftung und Deponie von toxischen Produkten und Abprodukten (Sitzungsber. d. AdW, Jg 79/18/N)		
Materiell-technische Basis — sozialökonomische Kriterien (Schriften d. Zentralinst. f. Wirtschaftswiss., 18)		
Mathé, Gerhard: Einführung in die Petrologie (s. Pfeiffer)		
Mathematische Forschung Wissenschaftliche Beiträge. Hrsg. v. d. AdW, Zentralinstitut für Mathematik u. Mechanik		
1 Inverse and Improperly Posed. Problems in Differential Equations. Proceedings of the Conference on Mathematical and Numerical Methods, held in Halle/Saale (GDR) from May 29 to June 2, 1979 Edited by Gottfried Anger — in englischer Sprache — 1979. 296 S., 18 Abb., 5 Tab., gr. 8°, 470 g, >2182/1< [1065]	762 744 1	**37,–**
2 Fundamentals of Computation Theory FCT'79. Proceedings of the Conference on Algebraic, Arithmetic, and Categorial Methods in Computation Theory held in Berlin/Wendisch-Rietz (GDR) September 17–21, 1979 Edited by Lothar Budach. — in englischer Sprache — 1979. 576 S., 27 Abb., 2 Tab., gr. 8°, 920 g, >2182/2< [1095]	762 806 5	**72,–**
3 Andreas Baudisch / Detlef Seese / Hans-Peter Tuschik / Martin Weese: Decidability and Generalized Quantifiers 1980. XII, 235 S., 16 Abb., gr. 8°, 400 g, >2182/3< [1025]	762 808 1	**31,–**
4 Lothar Jentsch / Johannes Maul: Zur Elastizitäts- und Thermoelastizitätstheorie. Potentialtheoretische Methoden in Anwendung auf verschiedene Modelle 1980. 157 S., gr. 8°, 280 >2182/4< [1035/1125]	762 810 2	**20,–**
5 System Analysis and Simulation 1980. Proceedings of the International Symposium held in Berlin (GDR) September 1–5, 1980. Edited by Achim Sydow — in englischer Sprache — 1980. 496 S., 9 Abb., gr. 8°, 800 g, >2182/5< [1095]	762 811 0	**62,–**

		EDV-Nr.	M
	Mathematische Lehrbücher und Monographien Hrsg. v. d. Zentralinstitut für Mathematik und Mechanik der AdW der DDR		
	I. Abteilung: Mathematische Lehrbücher		
IV	**N. I. Achieser / I. M. Glasmann: Theorie der linearen Operatoren im Hilbert-Raum** (Übersetzung aus dem Russischen; in dt. Spr. hrsg. von H. Baumgärtel)		
V 1	8., erweiterte Auflage 1981. ⟩5095⟨ [1034]	762 743 3	
VI.	**I. P. Natanson: Theorie der Funktionen einer reellen Veränderlichen** (Übersetzung aus dem Russischen; in dt. Spr. hrsg. v. Karl Bögel)		
V 1	5. Auflage 1981. XII, 590 S., 9 Abb., gr. 8°, 1170 g, Leinen ⟩5114⟨ [1034]	760 095 1	39,—
VIII.	**L. A. Ljusternik / W. I. Sobolew: Elemente der Funktionalanalysis** (Übersetzung aus dem Russischen; in dt. Spr. hrsg. von Konrad Gröger) 6. Auflage		
V 1	1979. VIII, 375 S., 7 Abb., gr. 8°, 780 g, Leinen ⟩5141⟨ [1034]	760 136 4	34,—
IX.	**B. W. Gnedenko: Lehrbuch der Wahrscheinlichkeitsrechnung** (Übersetzung aus dem Russischen; in dt. Spr. hrsg. v. H.-J. Roßberg) Vom Autor neu bearbeitete u. autorisierte Ausgabe		
V 1	7. Auflage 1979. XV, 399 S., 22 Abb., 22 Tab., gr. 8°, 830 g, Leinen ⟩5210⟨ [1075] (als Lehrbuch an den Universitäten u. Hochschulen der DDR eingeführt)	760 108 1	29,50
X.	**Dieter Klaua: Allgemeine Mengenlehre. Ein Fundament der Mathematik**		
	I Nachdruck der 2., erweiterten Auflage **-1970-** ⟩5503⟨	760 135 6	**(38,—)**
	II 2., erweiterte Auflage **-1969-** ⟩5503/II⟨	760 143 6	**(38,—)**
31	**Autorenkollektiv unter Leitung von S. W. Jablonski u. O. B. Lupanow: Diskrete Mathematik und mathematische Fragen der Kybernetik** (Übersetzung aus dem Russischen; in dt. Spr. hrsg. v. G. Burosch u. H. Kiesewetter)		
V 1	1980. 287 S., 41 Abb., 25 Tab., gr. 8°, 600 g, Leinen ⟩6401/1⟨ [1034]	762 402 1	45,—
33	**Günther Eisenreich: Lineare Algebra und analytische Geometrie** 1980. 312 S., 107 Abb., 2 Tab., gr. 8°, 670 g, Leinen ⟩6435⟨ [1024]	762 455 8	45,—
34	**G. P. Tolstow: Maß und Integral** (Übersetzung aus dem Russischen; in dt. Spr. hrsg. v. Rolf Kühne)		
V 3	1981. ⟩6568⟨ [1034]	762 779 1	
	II. Abteilung: Mathematische Monographien		
	K. M. S. Humak: Statistische Methoden der Modellbildung		
44	**Band II** 1981. ⟩6130/2⟨	761 872 1	
45	**Stephan Rempel / Bert-Wolfgang Schulze: Randwertprobleme für Pseudodifferentialoperatoren** — in englischer Sprache — 1981. ⟩6502⟨	762 597 2	
	Hans Bandemer / Wolfgang Näther: Theorie und Anwendung der optimalen Versuchsplanung		
48	**II:** Handbuch zur Anwendung 1980. ⟩6215/2⟨	762 319 2	

		EDV-Nr.	M
49	**Richard E. Barlow / Frank Proschan: Statistische Theorie der Zuverlässigkeit. Wahrscheinlichkeitstheoretische Modelle** (Übersetzung aus dem Englischen; in dt. Spr. hrsg. v. Peter Franken) 2., unveränderte Auflage		
V 3	1980, X, 250 S., 58 Abb., 10 Tab., gr. 8°, 570 g, Leinen >6438< [1075]	762 232 5	**48,—**
50	**A. D. Wentzell: Theorie zufälliger Prozesse** (Übersetzung aus dem Russischen; in dt. Spr. hrsg. von Hans Jürgen Engelbert u. Jürgen Groh)		
V 1	1979. X, 253 S., 40 Abb., gr. 8°, 590 g, Leinen >6434< [1075]	762 453 1	**48,—**
51	**Klaus Lommatzsch (H): Anwendung der linearen parametrischen Optimierung**		
V 1	1979. X, 189 S., 11 Abb., gr. 8°, 530 g, Leinen >6442< [1085]	762 471 8	**38,—**
52	**S. G. Michlin / S. Prößdorf: Singuläre Integraloperatoren**		
	1980. XII, 514 S., 11 Abb., gr. 8°, 980 g, Leinen >6524< [1065]	' 762 653 7	**96,—**
53	**Peter Franken / Dieter König / Elke Arndt / Volker Schmidt: Queues and Point Processes** — in englischer Sprache —		
V 1	1981. >6569< [1075]	762 780 4	
54	**I. W. Gelman / V. G. Mazja: Abschätzungen für Differentialoperatoren im Halbraum** (Übersetzung aus dem Russischen; in dt. Spr. hrsg. v. Günther Wildenhain)		
V 1	1981. >6581<	762 814 5	

Matthies, H. (H): Biological Aspects of Learning, Memory Formation and Ontogeny of the CNS
(Abhandlg. d. AdW, Jg 78/5/N)

Maul, Johannes: Zur Elastizitäts- und Thermoelastizitätstheorie
(Mathematische Forschung, 4)

Maximaldosen und Rezeptpflicht von Arzneimitteln
(Kommentar z. Arzneibuch, 7)

Mazja, V. G.: Abschätzungen für Differentialoperatoren im Halbraum
(Math. Lehrbücher u. Monographien, II. Abt./54)

Mebel, Moritz: Möglichkeiten und Grenzen der Transplantation lebenswichtiger Organe
(Sitzungsber. d. AdW, Jg 79/10/N)

Mecklenburgisches Wörterbuch
Von Wossidlo Teuchert
Ab 51. Lieferung hrsg. v. d. SAW aus dem Sammlungen Richard Wossidlos und aus den Ergänzungen und nach der Anlage Hermann Teucherts. Bearbeitet unter Leitung von Jürgen Gundlach unter Mitarbeit von Eva Sophie Dahl, Christian Rothe, Erika Krackow u. Walter Ihrke

	EDV-Nr.	M
58. Lieferung 1979. 64 S., 6 Abb., 2 Karten, 4°, 170 g, >3016/48<	753 120 4	**10,—** **A 18,—**

EDV-Nr. M

59.—60. Lieferung
1981. ⟩3016/49—50⟨ 753 378 7 **20,—**
A 36,—

Mehnert, Martliese: Vervollkommnung der Materialökonomie im volkswirtschaftlichen Reproduktionsprozeß
(Forschungsber. d. Zentralinst. f. Wirtschaftswiss., 32)

Meier, Georg Friedrich / Barbara Meier: Handbuch der Linguistik und Kommunikationswissenschaft (5 Bände)

Band I: Sprache — Sprachentstehung — Sprachen
1979. XIV, 553 S., 2 Abb. i. Text, 8 Sprachkarten in Mappe, gr. 8°, 1350 g, Leinen ⟩6207/1⟨ [0805] 752 115 3 **68,—**

Meinert, Hasso: Fluorchemie
(WTB, Reihe Chemie)

Melcher, Horst: Albert Einstein wider Vorurteile und Denkgewohnheiten
(WTB, Reihe Texte u. Studien)

Mende, Fritz: Heinrich Heine — Chronik seines Lebens und Werkes
Hrsg. v. d. Nationalen Forschungs- u. Gedenkstätten der klassischen deutschen Literatur in Weimar
2., bearbeitete u. erweiterte Auflage
1980. ⟩5747⟨ [8026] 753 728 6

Mendieta, Emmanuel Amand de: Basile de Césarée
(Texte u. Untersuchungen z. Geschichte d. altchristl. Literatur, 66)

Mercier, A. / H.-J. Treder / W. Yourgrau: On General Relativity. An Analysis of the Fundamentals of the Theorie of General Relativity and Gravitation — in engl. Sprache —
1979. 154 S., 3 Abb., 8°, 200 g, Paperback ⟩6505⟨ [1115] 762 604 3 **22,—**

Meroitica
Schriften zur altsudanesischen Geschichte und Archäologie [0225]
Hrsg. v. Fritz Hintze

3 Fritz Hintze: Beiträge zur meroitischen Grammatik
1979. 214 S., 12 Tab., gr. 8°, 370 g, ⟩2155/3⟨ 753 462 4 **38,—**

4 Peter L. Shinnie / Rebecca J. Bradley: The Capital of Kush I. Meroe Excavations 1965—1972
1980. XVIII, 318 S., 141 Abb., dav. 47 auf 46 Taf., u. 13 in Beilagenmappe ⟩2155/4⟨ 753 665 4 **78,—**

5 Fritz Hintze (H): Africa in Antiquity. The Arts of Ancient Nubia and the Sudan. Proceedings of the Symposium Held in Conjunction with the Exhibition, Brooklyn, September 29—October 1, 1978
1979. 199 S., 119 Abb. i. Text u. auf 28 Taf., gr. 8°, 400 g, ⟩2155/5⟨ [0225] 753 710 4 **40,—**

Metz, Joachim: Abstrakte Rechnermodelle
1980. 144 S., 31 Abb., 22 Tab., 8°, 240 g, ⟩6263⟨ [1095] 762 654 5 **18,—**
A 28,—

EDV-Nr. M

Meyer, Rudolf: Gegensinn und Mehrdeutigkeit in der althebräischen Wort- und Begriffsbildung
(Sitzungsber. d. SAW, phil.-hist. Kl., Bd 120/5)

Michel, Dieter: Grundlagen und Methoden der Kernmagnetischen Resonanz
(WTB, Reihe Mathematik/Physik)

Michlin, S. G.: Singuläre Integraloperatoren
(Math. Lehrbücher u. Monographien, II. Abt./52)

Miroschnitschenko, L. I.: Kosmische Strahlen im interplanetaren Raum
(WTB, Reihe Mathematik/Physik)

Mitin, M. B.: Probleme des gegenwärtigen ideologischen Kampfes. Eine Kritik soziologischer und sozialpolitischer Konzeptionen
(Übesetzung aus dem Russischen; Hrsg. v. Hans Schulze)
1979. 233 S., 8°, 300 g, Leinen ⟩6475⟨ [0165] 753 458 7 **15,–**

Mittenzwei, Werner: Ästhetik des Widerstands
(Sitzungsber. d. AdW, Jg 79/7/G)

—, —: Preußen nach dem Siebenjährigen Krieg
(Schriften d. Zentralinst. f. Geschichte, 62)

Modellierung von Phasengleichgewichten als Grundlage von Stofftrennprozessen
(Grundlagen d. Verfahrenstechnik u. chem. Technologie, 10)

Moderne Biowissenschaften

5 Hans-Heinrich Schmidt/Horst Heine unter Mitarbeit von Helga Mach: Arterielle Durchblutungsstörungen, Aortenbogensyndrom und ischämische Herzkrankheit — Bedeutung von Alter, Geschlecht, Risikofaktoren und Schweregrad der Arteriosklerose für ihren Verlauf
1980. 212 S., 38 Abb., 89 Tab., gr. 8°, 590 g, Leinen ⟩2148/5⟨ [2115] 761 791 3 **32,–**

12 Ulrich Wobus (H): Isolierung, Fraktionierung und Hybridisierung von Nukleinsäuren. Eine Einführung und methodische Anleitung. Mit Beiträgen von einem Autorenkollektiv
V 3 1980. ⟩2148/12⟨ [1325] 761 931 0

15 Lothar Heinemann / Horst Heine / Gisela Heinemann: Extrakranielle zerebrale Arteriosklerose. Prognose und Funktionsbeurteilung
1980. ⟩2148/15⟨ [2115] 761 989 8

Möbius, Friedrich: Caspar David Friedrichs Gemälde „Abtei im Eichwald" und die frühe Wirkungsgeschichte der Ruine Eldena bei Greifswald
(Abhandlg. d. SAW, phil.-hist. Kl., Bd 68/2)

Moritz von Sachsen, Politische Korrespondenz des Herzogs und Kurfürsten ———
Hrsg. v. Erich Brandenburg

Reprint
Erster Band (bis zum Ende des Jahres 1543)
1981. ⟩6389/1⟨ [0266] 753 149 0

EDV-Nr. M

Dritter Band: 1. Januar 1546 — 25. Mai 1548
(Abhandlg. d. SAW, phil.-hist. Kl., Bd 68/3)

Mücket, Jan-Peter: Große kosmische Systeme
(Veröffentl. d. Forschungsbereichs f. Geo- u. Kosmoswiss., 10)

Müller, Gert: Leitfaden der Polymercharakterisierung
(s. Schröder)

Müller, Joachim: Die dramatische Funktion von Mephistos Monolog in Goethes „Faust" I: „Verachte nur Vernunft und Wissenschaft . . ."
(V. 1851—1867)
(Sitzungsber. d. SAW, phil.-hist. Kl., Bd 121/3)

Müller, P. Heinz (H): Lexikon der Stochastik
Wahrscheinlichkeitsrechnung und Mathematische Statistik
3., berichtigte Auflage
1980. XII, 445 S., 1 Falttaf., 2 Tab., gr. 8°, 680 g, Lederin >5771< [1077] 762 181 6 **29,—**

Münz-Koenen, Ingeborg (H): Literarisches Leben in der DDR 1945 bis 1960
(Literatur u. Gesellschaft, 67)

Müntz, K. (H): Seed Proteins of Dicotyledonous Plants
(Abhandlg. d. AdW, Jg 78/4/N)

Näther, Wolfgang: Theorie und Anwendung der optimalen Versuchsplanung
(Math. Lehrbücher u. Monographien, II/48)

Natanson, I. P.: Theorie der Funktionen einer reellen Veränderlichen
(Math. Lehrbücher u. Monographien, I. Abt./VI)

Naumann, Manfred: Literatur im „Kapital"
(Sitzungsber. d. AdW, Jg 79/2/G)

Neef, Ernst: Analyse und Prognose von Nebenwirkungen gesellschaftlicher Aktivitäten im Naturraum
(Abhandlg. d. SAW, math.-nat. Kl., Bd 54/1)

Nerius, Dieter (H): Theoretische Probleme der deutschen Orthographie
(Sprache u. Gesellschaft, 16)

Neubert, W.: Temperatur und Wärmehaushalt des thermisch belasteten Stechlin- und Nehmitzsees
(Abhandlg. d. MD, 123)

Neuere Forschungsergebnisse aus den chemischen Wissenschaften
Herausgegeben im Auftrage des Forschungsbereiches Chemie d. AdW d. DDR

1 **Dieter Martin / Radu Bacaloglu: Organische Synthesen mit Cyansäureestern**
1980. 228 S., 3 Abb., 31 Tab., gr. 8°, 370 g, Leinen >6538< [1275/1235] 762 684 4 **48,—**

Neugebauer, Gernot: Relativistische Thermodynamik
(WTB, Reihe Mathematik/Physik)

EDV-Nr. | M

Neumann, Gerd: Die ökonomischen Entwicklungsbedingungen des RGW. Versuch einer wirtschaftshistorischen Analyse
(Forschungen z. Wirtschaftsgeschichte, 13)

Neumann, Siegfried: Ein mecklenburgischer Volkserzähler
(Veröffentl. z. Volkskunde u. Kulturgesch., 48)

Neumann, Werner: Aufgaben und Probleme der heutigen Bachforschung
(Sitzungsber. d. SAW, phil.-hist. Kl., Bd 120/6)

Neuner, Gerhart: Sozialer Lebensprozeß und Erziehung
(Sitzungsber. d. AdW, Jg 80/2/G)

Nitschkoff, Stefan (H): Arterielle Hypertonie
(s. Hypertonie)

Nollau, Volker: Semi-Markovsche Prozesse
(WTB, Reihe Mathematik/Physik)

Nomaden, Die — in Geschichte und Gegenwart
(Veröffentl. d. Museums f. Völkerkundez. Leipzig, 33)

Nowiński, Czesław (H): Gesetz — Entwicklung — Information
(Schriften z. Philosophie u. ihrer Geschichte, 13)

Nuhn, Peter: Chemie der Naturstoffe. Bioorganische Chemie
1981. ⟩6345⟨ [1275] 762 285 1

Nussbaum, Helga/Lotte Zumpe (H): Wirtschaft und Staat in Deutschland
Eine Wirtschaftsgeschichte des staatsmonopolistischen Kapitalismus in Deutschland vom Ende des 19. Jh. bis 1945 in drei Bänden

Band 3 — Lotte Zumpe: Wirtschaft und Staat in Deutschland 1933 bis 1945. Mit einem Kapitel über Außenhandel und Okkupationswirtschaftspolitik 1939—1945 von Berthold Puchert
V 1 1980. VII, 552 S., 3 Abb., 127 Tab., 1 Falttaf., gr. 8°, 1080 g, Leinen
⟩6403/3⟨ 753 221 5 **35,—**

Ochotina, N. V. (H): Studien zur nationalsprachlichen Entwicklung in Afrika
(Studien über Asien, Afrika u. Lateinamerika, 34)

Ökonomische Studientexte

Hrsg. v. Achim Toepel im Auftrage des Zentralinstituts für Wirtschaftswissenschaften bei der AdW der DDR

1 David Ricardo: Über die Grundsätze der politischen Ökonomie der Besteuerung. Übersetzt und mit einer Einleitung versehen von Gerhard Bondi. 2., durchgesehene Auflage hrsg. v. Peter Thal
1979. XLV, 422 S., 8°, 550 g, Leinen ⟩2093/1⟨ [0306] 750 524 1 **17,50**

8 Charles Fourier: Ökonomisch-philosophische Schriften — eine Textauswahl —
Übersetzt und mit einer Einleitung herausgegeben von Lola Zahn
1980. LIV, 254 S., 8°, 370 g, Leinen ⟩2093/8⟨ [0306] 753 389 1 **19,50**

Oelßner, Fred — in memoriam
(Sitzungsber. d. AdW, Jg 79/1/G)

		EDV-Nr.	M
Olschowsky, Heinrich: Lyrik in Polen (Literatur u. Gesellschaft, 53)			
Organische Chemie, Ausgewählte Entwicklungsrichtungen der —— (Sitzungsber. d. AdW, Jg 79/14/N)			
— —, Reaktive Zwischenstufen in der —— (WTB, Reihe Chemie)			
Ormont, B. F.: Einführung in die physikalische Chemie und Kristallchemie der Halbleiter (Übersetzung aus dem Russischen; bearb. u. hrsg. v. Manfred Lisec u. Dietrich Thess) 1979. XIII, 584 S., 319 Abb., 60 Tab., gr. 8°, 1160 g, Leinen ›6272‹	[1275]	762 189 1	**88,—**
Ostwald, Wilhelm, Internationales Symposium anläßlich des 125. Geburtstages von —— (Sitzungsber. d. AdW, Jg 79/13/N)			
Parsi, Rassouli Akhavan unter Mitarbeit von Arno Hecht/Bernhard Kleitke/Werner Porstmann/Harry Warnke: Die ischämische Herzkrankheit 1980. ›6053‹	[2115]	761 758 5	
Papyri aus den Staatlichen Museen zu Berlin *Demotische Papyri* Lieferung I: Papyri von der Insel Elephantine Bearbeitet von Karl-Theodor Zauzich V 4 1978. X, 57 S., 29 Abb. auf 20 Taf., 4°, Loseblattsammlung in Mappe, 720 g, ›3063/I‹	[8108]	752 683 5	**48,—**
Paschke, Franz (H): Überlieferungsgeschichtliche Untersuchungen (Texte u. Untersuchungen z. Gesch. d. altchristl. Lit., 70)			
Pasternak, Günter: Das Immunsystem des Organismus und seine Rolle bei der Krebserkrankung (Sitzungsber. d. AdW, Jg 79/6/N)			
Pastušny, S. A.: Der Mendelismus und die philosophischen Probleme der modernen Genetik (WTB, Reihe Texte u. Studien)			
Pašuto, Vladimir T.: Rußland und die mittelalterliche Staatenwelt Auswärtige Beziehungen bis zur Mitte des 13. Jahrhunderts (Übersetzung aus dem Russischen; hrsg. v. Erich Donnert) 1980. ›6317‹	[0235]	752 439 7	
Patent, G. I.: Zur Kritik der Existenzphilosophie Martin Heideggers (Zur Kritik d. bürgerl. Ideologie, 94)			
Paul, Siegfried (H): Objektive Gesetze (Schriften z. Philosophie u. ihrer Geschichte, 21)			
Paulenz, Horst (H): Giftgesetz der DDR (s. dort)			

		EDV-Nr.	M
Paulskirche, Opposition in der – (Schriften d. Zentralinst. f. Geschichte, 70)			
Peek, Werner: Attische Versinschriften (Abhandlg. d. SAW, phil.-hist. Kl., Bd 69/2)			
Pegel, Bert: Empirische Modellbildung und Versuchsplanung (Beiträge z. Forschungstechnologie, 7)			
Peter, Hannelore: Die Florenentwicklung (Schriftenreihe f. Geolog. Wiss., 13)			
Peters, Jan: Exilland Schweden. Deutsche und schwedische Antifaschisten 1933–1945 1980. >6527<	[0285]	753 588 9	
Petersen, Asmus: Die Gräser. Ihre Bestimmung Erkennung und Beschreibung in biologischer, ökologischer sowie landwirtschaftlicher und landeskultureller Beziehung 5., bearbeitete Auflage hrsg. u. bearbeitet von Waltraut Petersen u. Günther Wacker 1981. >6283<	[4265]	762 055 7	
(Diese Ausgabe ist die verbesserte u. erweiterte sowie völlig überarbeitete 5. Auflage des Titels „Die Gräser als Kulturpflanzen und Unkräuter auf Wiese, Weide und Acker" >5024<)			
Pfeiffer, Ludwig/Manfred Kurze/Gerhard Mathé: Einführung in die Petrologie 1980. >6378<	[1425]	762 349 1	
Pheby, John: Intonation und Grammatik im Deutschen (Sammlung AV, Sprache)			
Philosophische Studientexte	[0116]		
Briefe von und an Hegel. Hrsg. v. Johannes Hoffmeister.			
V 2 **Band IV** – Teil 1: Dokumente und Materialien zur Biographie. Hrsg. v. Friedhelm Nicolin Lizenzausgabe d. 3., völlig neu bearb. Auflage 77 des Felix Meiner Verlages, Hamburg 1978. XVI, 365 S., 8°, 440 g, Leinen >4057/IV/1<		751 776 0	**22,50**
Außerhalb der Reihe			
Ludwig Feuerbach – Gesammelte Werke. 20 Bände Hrsg. v. Werner Schuffenhauer			
Band 1: Frühschriften 1980. >4042/1<		752 136 4	**33,–** **A 46,50**
Band 2: Geschichte der neuern Philosophie von Bacon von Verulam bis Benedikt Spinoza 2., bearbeitete Auflage 1981. >4042/2<		750 092 6	**33,–** **A 46,50**

	EDV-Nr.	M
Band 3: Geschichte der neuern Philosophie. Darstellung, Entwicklung und Kritik der Leibnizschen Philosophie 2., bearbeitete Auflage 1981. >4042/3<	750 099 3	**23,–** **A 32,–**
Band 6: Vorlesungen über das Wesen der Religion. Nebst Zusätzen und Anmerkungen 1981. >4042/6<	750 085 4	**25,50** **A 35,–**
Band 7: Theogonie nach den Quellen des klassischen, hebräischen und christlichen Altertums 2., bearbeitete Auflage 1981. >4042/7<	750 093 4	**25,–** **A 34,50**
Moses Heß: Philosophische und sozialistische Schriften 1837–1850 Eine Auswahl. Hrsg. u. eingeleitet von Wolfgang Mönke 2., bearbeitete Auflage V 1 1980. CIV, 546 S., gr. 8°, 1000 g, Leinen >4022<	750 062 7	**58,–**

Physiker über Physiker
(Studien zur Geschichte der AdW d. DDR, 1 u. 8)

Pietzsch, Christa: Vervollkommnung der Materialökonomie im volkswirtschaftlichen Reproduktionsprozeß
(Forschungsber. d. Zentralinst. f. Wirtschaftswiss., 32)

Pippig, E.: Einheiten — Maßsysteme — SI
(WTB, Reihe Mathematik/Physik)

Planungs- und Prognosemodelle
(Schriften d. Zentralinst. f. Wirtschaftswiss., 19)

Plaul, Hainer: Landarbeiter im 19. Jahrhundert
(Veröffentl. z. Volkskunde u. Kulturgeschichte, 65)

Ploog, Hannolore: Im Netz der Manipulierung
(Zur Kritik d. bürgerl. Ideologie, 91)

Pötschke, Dieter: Mathematische Informationstheorie
(Elektron. Rechnen u. Regeln, Bd 16)

Poggendorff's biographisch-literarisches Handwörterbuch der exakten Naturwissenschaften [1007]

Unter Mitwirkung der Akademien der Wissenschaften der DDR, zu Göttingen, Heidelberg, München und Wien hrsg. v. d. Sächsischen Akademie der Wissenschaften zu Leipzig. Leitung der Redaktion: Hans Salié
Das Wörterbuch gibt Aufschluß über fast alle Gelehrten und Fachvertreter der Universitäten und Hochschulen Deutschlands, Österreichs und der Schweiz aus den Jahren 1932 bis 1953

		EDV-Nr.	M
Band VII b, Teil 6: N—Q. Berichtsjahre 1932—1962			
Dritte Lieferung. 1979. 160 S., gr. 8°, 280 g, >3050/VI/3<		762 600 0	**(24,—)**
Vierte Lieferung. 1979. 143 S., gr. 8°, 260 g, >3050/VI/4<		762 712 6	**24,—**
Fünfte Lieferung. 1980. 103 S., gr. 8°, 210 g, >3050/VI/5<		762 757 2	**24,—**
Einbanddecke zum **Band** VII b, Teil 6 1980. gr. 8°, 150 g, >3050/VI/E<		762 791 9	**3,50**
Pohrt, Heinz/Karl Gutschmidt/Johannes Sdhultheis: Bibliographie slawistischer Publikationen aus der DDR 1973—1977. Dem VIII. Internationalen Slawistenkongreß gewidmet 1979. XII, 264 S., gr. 8°, 440 g, >6342<	[0857]	753 057 8	**25,—**
Pokrytan, A. K.: Das Historische und das Logische in der ökonomischen Theorie des Sozialismus 1981. >6327<	[0305]	752 958 5	

Politische Ökonomie, 60 Jahre — des Sozialismus
(Forschungsber. d. Zentralinst. f. Wirtschaftswiss., 30)

Polter, Claus (H): Vorträge des V. Internationalen Symposiums Systemfungizide
(Abhandlg. d. AdW, Jg 79/2/N)

Popov, N. (H): **Biological** Aspects of Learning, Memory Formation and Ontogeny of the CNS
(Abhandlg. d. AdW, Jg 78/5/N)

Poppe, Eberhard: Die „Allgemeine **Erklärung** der Menschenrechte" in der Gegenwart
(Sitzungsber. d. AdW, Jg 79/6/G)

Posthoff, Christian: Binäre dynamische Systeme
(Informatik — Kybernetik — Rechentechnik, 1)

Preppernau, Uwe: Elektronen im Kristall
(s. Herrmann)

Preuß, Joachim (H): Von der archäologischen Quelle zur historischen Aussage
(Wiss. Beiträge d. Martin-Luther-Univers. Halle-Wittenberg, 8)

Prößdorf, S.: Singuläre Integraloperatoren
(Math. Lehrbücher u. Monographien, II. Abt./52)

Probleme und Ergebnisse aus der Arbeitsgruppe Kybernetik/Informationsverarbeitung der Klasse Mathematik 1977/78
(Sitzungsber. d. AdW, Jg 79/12/N)

Proschan, Frank: Statistische Theorie der Zuverlässigkeit
(Math. Lehrbücher u. Monographien, II. Abt./49)

Prozeßrechnern, Einsatzvorbereitung von —
(Grundlagen d. Verfahrenstechnik u. chem. Technologie, 8)

Prutz, Robert Eduard
(Deutsche Bibliothek, 10)

	EDV-Nr.	M
Quartärpaläontologie		
Band 3 Das Pleistozän von Burgtonna in Thüringen 1978. 399 S., 137 Abb., 56 Taf., 4 Falttaf., 46 Tab., 4°, 1400 g, Halbleinen ⟩2164/3⟨	762 530 7	**150,—**
Band 4 1981. ⟩2164/4⟨	762 839 9	
Quellen und Studien zur Geschichte Osteuropas		
24 Sonja Striegnitz: Deutsche Internationalisten in Sowjetrußland 1917 bis 1918. Proletarische Solidarität im Kampf um die Sowjetmacht 1979. XVI, 260 S., 3 Tab., gr. 8°, 600 g, Leinen ⟩2087/24⟨ [0255]	753 657 4	**(45,—)**

Rach, Hans-Jürgen (H): Bauer und Landarbeiter im Kapitalismus in der Magdeburger Börde
(Veröffentl. z. Volkskunde u. Kulturgeschichte, 66/3)

—, — (H): Landwirtschaft und Kapitalismus
(Veröffentl. z. Volkskunde u. Kulturgeschichte, 66)

Rädler, Karl-Heinz: Mean-Field Magnetohydrodynamics and Dynamo Theory
(s. Krause)

Rätzsch, Margit T.: Thermodynamik und biologische Entwicklung
(Sitzungsber. d. AdW, Jg 80/2/N)

Rechtsmethodologie und Rechtsmethodik, Beiträge zur ———
(Staats- u. rechtstheor. Studien, 8)

Reineke, Walter F. (H): First International Congress of Egyptology Cairo, 1976
(Schriften z. Geschichte u. Kultur d. Alten Orients, 14)

Rempel, Stephan: Randwertprobleme für Pseudodifferentialoperatoren
(Math. Lehrbücher u. Monographien, II. Abt./45)

Reprint
Moritz von Sachsen, Politische Korrespondenz des Herzogs und Kurfürsten ———
(s. Moritz)

	EDV-Nr.	M
Reprintreihe **Antifaschistische Literatur in der Bewährung** Hrsg. v. Lothar Berthold u. Dieter Lange		
2 Braunbuch über Reichstagsbrand und Hitler-Terror V 2 1980. ⟩2181/2⟨ [0265]	753 788 4	**19,50**
3 Braunbuch II. Dimitroff contra Göring. Enthüllungen über die wahren Brandstifter 1980. ⟩2181/3⟨ [0265]	753 789 2	
4 Albert Schreiner: Vom totalen Krieg zur totalen Niederlage Hitlers. Eine kritische Auseinandersetzung mit der Wehrmachtsideologie des Dritten Reiches 1981. ⟩2181/4⟨ [0265]	753 790 5	

EDV-Nr. M

Revolutionsquadrat, Weltgeschichte im –
(s. Markov)

Richter, D.: Temperatur und Wärmehaushalt des thermisch belasteten Stechlin- und Nehmitzsees
(Abhandlg. d. MD, 123)

Richter, Günther: Kategorielle Algebra
(Studien z. Algebra u. ihre Anwendungen, 3)

Richter, Joachim (H): Arzneimittel- und Apothekenrecht der DDR
(s. dort)

Richter, Ludwig: Slowakische Literatur
(Literatur u. Gesellschaft, 63)

Richter, Rolf: Legende oder Rechtfertigung?
(Zur Kritik d. bürgerl. Ideologie, 97)

Rieger, Rigomar: Struktur und Strukturumbauten der Chromosomen vielzelliger Organismen
(Sitzungsber. d. AdW, Jg 79/20/N)

Ries, Werner: Risikofaktoren des Alterns aus klinischer Sicht
(Sitzungsber. d. SAW, math.-nat. Kl., Bd 114/2)

Ringpfeil, Manfred (H): Entwicklung von Laborfermentoren
(Abhandlg. d. AdW, Jg 79/3/N)

Röhr, Werner: Aneignung und Persönlichkeit
(Schriften z. Philosophie u. ihrer Geschichte, 23)

Rohstoff Holz, Komplexe Nutzung des — —
(Sitzungsber. d. AdW, Jg 79/17/N)

Romankov, P. G./N. B. Raškovskaja/V. F. Frolov: Stoffübergangsprozesse der chemischen Technologie (Systeme mit einer festen Phase)
(Übersetzung aus dem Russischen; bearb. u. hrsg. v. Klaus Hartmann u. Ernst-Otto Reher)
1979. 344 S., 178 Abb., 7 Tab., gr. 8°, 680 g, Leinen >6436< [1205/1085] 762 456 6 **78,–**

Romanow, J. A. (H): Chronobiologie – Chronomedizin
(Abhandlg. d. AdW, Jg 79/1/N)

Rompe, Robert: Grundfragen der Physik
(WTB, Reihe Mathematik/Physik)

Rothe, Manfred (H): Handbuch der Aromaforschung
Unter Mitarbeit namhafter Wissenschaftler des In- und Auslandes entstandene Sammlung von Monographien auf dem Gebiet der Aromaforschung

H. Maarse: Isolation, separation and identification of volatile compounds in aroma research
– in englischer Sprache –
1981. >5984/5< [3695] 762 520 0

		EDV-Nr.	M
Rothe, Norbert (H): Frühe sozialistische satirische Prosa (Textausgaben z. frühen sozialist. Lit., 22)			
Ruben, Walter: Wissen gegen Glauben (Abhandlg. d. AdW, Jg 79/1/W)			
Rudberg, Stig Y.: Basile des Césarée (Texte u. Untersuchungen z. Gesch. d. altchristl. Lit., 66)			
Rudolph, Günther: Grundlinien des ökonomischen Denkens in Deutschland 1848 bis 1945 (Schriften d. Zentralinst. f. Wirtschaftswiss., 4)			
Rückauf, Helmut: Stöchiometrie chemisch-technologischer Prozesse (WTB, Reihe Chemie)			
Ruppiner Land (Werte unserer Heimat, 37)			
Russische Volksmärchen (Volksmärchen, 1)			
Růžička, Rudolf: Studien zum Verhältnis von Syntax und Semantik im modernen Russischen (Sammlung AV, Sprache)			
Saizew, G. A.: Algebraische Probleme der mathematischen und theoretischen Physik (Studien zur Algebra u. ihre Anwendungen, 2)			
Sammlung Akademie-Verlag			
Sprache			
19 John Pheby: Intonation und Grammatik im Deutschen 2., durchgesehene Auflage 1980. 192 S., 21 Abb., 8°, 360 g, ⟩7519⟨	[0815]	751 972 3	**15,—**
20 Joachim Schildt: Abriß der Geschichte der deutschen Sprache. Zum Verhältnis von Gesellschafts- und Sprachgeschichte 2., durchgesehene Auflage 1980. 246 S., 5 Abb., 10 Karten, dav. 1 farb., 8°, 320 g ⟩7520⟨	[0815]	751 973 1	**15,—**
35 Rudolf Růžička: Studien zum Verhältnis von Syntax und Semantik im modernen Russischen 1980. VIII, 278 S., 8°, 250 g, ⟩7535⟨	[0805]	752 114 5	**26,—**
36 Gerhart Lindner: Grundlagen und Anwendung der Phonetik 1981. ⟩7536⟨	[0804]	753 847 3	
48 Manfred Bierwisch (H): Psychologische Effekte sprachlicher Strukturkomponenten V 3 1979. IX, 489 S., 91 Abb., 17 Tab., 12 S. Legende, 8°, 600 g, ⟩7548⟨	[0805]	753 135 1	**28,—**
Saverkina, I. I. (H): Römische Sarkophage (s. Zimmermann)			

		EDV-Nr.	M
Schäperclaus, Wilhelm / Hugo, Kulow / Kurt Schreckenbach (H) unter Mitarbeit von einem Autorenkollektiv: Fischkrankheiten 4., bearbeitete u. wesentlich erweiterte Auflage 1979. XV, 1089 S., 479 Abb., dav. 13 mehrfarb. Taf., 5 Falttaf., 113 Tab., gr. 8°, 2860 g, Leinen (2 Bände) ⟩5129⟨	[4615]	762 148 8	**140,–**
Scharnhorst, Jürgen (H): Theoretische Probleme der deutschen Orthographie (Sprache u. Gesellschaft, 16)			
Scheel, Heinrich (H): Die Mainzer Republik II (Schriften d. Zentralinst. f. Geschichte, 43)			
–, –: Süddeutsche Jakobiner (Schriften d. Zentralinst. f. Geschichte, 13)			
–, – (H): Jakobinische Flugschriften aus dem deutschen Süden Ende des 18. Jahrhunderts (Schriften d. Zentralinst. f. Geschichte, 14)			
Scheler, Werner: Zum Gedenken an Johannes Stroux (Sitzungsber. d. AdW, Jg 80/2/G)			
Schildt, Joachim: Abriß der Geschichte der deutschen Sprache (Sammlung AV, Sprache)			
Schlenstedt, Dieter (H): Künstlerische Avantgarde (Literatur u. Gesellschaft, 68)			
–, –: Wirkungsästhetische Analysen (Literatur u. Gesellschaft, 40)			
Schmidt, Ernst Günther (H): Aischylos und Pindar (Schriften z. Geschichte u. Kultur d. Antike, 19)			
Schmidt, Hans-Heinrich: Arterielle Durchblutungsstörungen Aortenbogensyndrom und ischämische Herzkrankheit (Moderne Biowissenschaften, 5)			
Schmidt, Volker: Queues and Point Processes (Math. Lehrbücher u. Monographien, II. Abt./53)			
Schmutzer, Ernst: Symmetrien und Erhaltungssätze der Physik (WTB, Reihe Mathematik/Physik)			
Schneider, Helmut Günther / Herbert Höft (H): Elektrische Kontakte. Ausgewählte Beiträge (Studienmaterial f. d. Weiterbildung) 1980. ⟩6514⟨	[3554]	762 627 0	
–, – / W. Kutzsche / H.-G. Treiber (H): Grundlagen der Schaltungsentwicklung. Ausgewählte Beiträge (Studienmaterial f. d. Weiterbildung) 1979. 443 S., 205 Abb., 39 Tab., gr. 8°, 870 g, Leinen ⟩6341⟨	[1174]	762 295 8	**58,–**
Schneider, Wolfgang: Elektrochemische Stromquellen (s. Wiesener)			

EDV-Nr. M

Schnitzler, Stephan: Pharmakologische Aspekte von Immunreaktionen
(WTB, Reihe Biologie)

Schreiner, Albert: Vom totalen Krieg zur totalen Niederlage Hitlers
(Reprintreihe: Antifaschistische Literatur in der Bewährung, 4)

Schreiter, Jörg: Erkenntnistheorie — Kritischer Rationalismus — Reformismus
(Schriften z. Philosophie u. ihrer Geschichte, 22)

—, —: Wahrheit — Wissenschaftlichkeit — Gesellschaftswissenschaften
(Schriften z. Philosophie u. ihrer Geschichte, 19)

Schriften der Winckelmann-Gesellschaft

5 Johannes Irmscher (H): Antikerezeption, deutsche Klassik und sozialistische Gegenwart
1979. VII, 85 S., 15 Abb., gr. 8°, 200 g, 〉2160/5〈 [8104] 753 324 2 **18,—**
1979 Erscheinen eingestellt

Schriften des Zentralinstituts für Geschichte an der AdW zu Berlin

13 Heinrich Scheel: Süddeutsche Jakobiner. Klassenkämpfe und republikanische Bestrebungen im deutschen Süden Ende des 18. Jahrhunderts
3., durchgesehene Auflage
V 1 1980. XVII, 772 S., gr. 8°, 1420 g, Leinen 〉2083/I/13〈 751 801 8 **50,—**

14 Jakobinische Flugschriften aus dem deutschen Süden Ende des 18. Jahrhunderts. Eingeleitet und hrsg. v. Heinrich Scheel
2., durchgesehene Auflage
V 1 1980. XIV, 500 S., gr. 8°, 1100 g, Leinen 〉2083/1/14〈 753 579 0 **48,—**

43 Die Mainzer Republik II. Protokolle des Rheinisch-deutschen Nationalkonvents mit Quellen zu seiner Vorgeschichte.
Hrsg., eingeleitet, kommentiert u. bearbeitet v. Heinrich Scheel
1980. 〉2083/43〈 753 851 0

60 Konrad Canis: Bismarck und Waldersee. Die außenpolitischen Krisenerscheinungen und das Verhalten des Generalstabes 1882 bis 1890
1980. 328 S., gr. 8°, 540 g, 〉2083/60〈 [0265] 753 433 3 **27,50**

62 Ingrid Mittenzwei: Preußen nach dem Siebenjährigen Krieg. Auseinandersetzungen zwischen Bürgertum und Staat um die Wirtschaftspolitik
1979. 266 S., gr. 8°, 435 g, 〉2083/62〈 [0265] 753 550 4 **(24,—)**

63 Fritz Klein (H): Neue Studien zum Imperialismus vor 1914
1980. 241 S., gr. 8°, 400 g, 〉2083/63〈 [0235] 753 568 6 **24,—**

66 Jürgen Hofmann: Das Ministerium Camphausen-Hansemann. Zur Politik der preußischen Bourgeoisie in der Revolution 1848/49
1981. 〉2083/66〈 [0255] 753 621 6

70 Gunther Hildebrand (H): Opposition in der Paulskirche. Reden, Briefe und Berichte kleinbürgerlich-demokratischer Parlamentarier 1848/49
1981. 〉2083/70〈 [0265] 753 780 9

Schriften des Zentralinstituts für Wirtschaftswissenschaften

4 Werner Krause/Günther Rudolph: Grundlinien des ökonomischen Denkens in Deutschland 1848 bis 1945
1980. XIII, 615 S., 8°, 950 g, Leinen 〈2158/4〉 [0305] 753 509 6 **42,—**

		EDV-Nr.	M
17 Autorenkollektiv unter Leitung v. V. N. Žukov: Bürgerliche und kleinbürgerliche ökonomische Theorien über den Sozialismus (nach dem zweiten Weltkrieg) (Übersetzung aus dem Russischen; in dt. Spr. hrsg. v. Werner Krause) 1980. ⟩2158/17⟨	[0305]	753 353 3	
18 Materiell-technische Basis — sozialökonomische Kriterien 1980. XVIII, 265 S., 18 Abb., 57 Tab., 8°, 360 g, ⟩2158/18⟨	[0325]	753 596 9	**19,50**
19 Planungs- und Prognosemodelle. Erfahrungen, Probleme, Entwicklungstendenzen 1981. ⟩2158/19⟨	[0345]	753 597 7	

Schriften und Quellen der Alten Welt

Hrsg. v. Zentralinstitut für Alte Geschichte und Archäologie der AdW zu Berlin

		EDV-Nr.	M
2 Rudolf Helm: Tibull, Gedichte Lateinisch und Deutsch. 4., unveränderte Auflage besorgt von Erika Behrend und Bernhard Döhle 1979. VIII, 147 S., gr. 8°, 360 g, Leinen ⟩2066/2⟨	[7385]	750 700 1	**13,50**
6 Otto Schönberger: Longos, Hirtengeschichten von Daphnis und Chloe. Griechisch und Deutsch 3., um Nachträge erweiterte Auflage 1979. 215 S., 8 Taf., gr. 8°, 450 g, Leinen ⟩2066/6⟨	[7381]	752 013 4	**15,—**
8 Tacitus — Das Leben des Julius Agricola Lateinisch und Deutsch von Rudolf Till 3., unveränderte Auflage 1979. VI, 90 S., 2 Taf., 1 Karte, gr. 8°, 290 g, Leinen ⟩2066/8⟨	[0226]	752 534 9	**(12,—)**
10 Frontin: Kriegslisten. Lateinisch und Deutsch von Gerhard Bendz 2., durchgesehene Auflage 1978. VI, 262 S., gr. 8°, 590 g, Leinen ⟩2066/10⟨	[7381]	750 751 1	**22,—**
24/1 Frühgriechische Lyriker. Deutsch von Zoltan Franyó u. Peter Gan Griechischer Text bearbeitet von Bruno Snell. Erläuterungen besorgt von Herwig Maehler. **Erster Teil:** Die frühen Elegiker 2., unveränderte Auflage 1981. 110 S., gr. 8°, Leinen ⟩2066/24/1⟨	[7380]	751 610 0	**15,—**
24/2 **Zweiter Teil:** Archilochos, Semonides, Hipponax 2., unveränderte Auflage 1981. 134 S., gr. 8°, Leinen ⟩2066/24/2⟨	[7380]	751 967 8	**18,—**
24/3 **Dritter Teil:** Sappho, Alkaios, Anakreon 2., unveränderte Auflage 1981. 151 S., gr. 8°, 400 g, Leinen ⟩2066/24/3⟨	[7385]	752 501 5	**20,—**
26 Cicero-Staatsreden. Lateinisch und Deutsch von Helmut Kasten **Erster Teil:** Über den Oberbefehl des Cn. Pompeius. Über das Ackergesetz. Gegen L. Catilina 5., unveränderte Auflage 1980. 242 S., gr. 8°, 550 g, Leinen ⟩2066/26⟨	[0886]	750 788 8	**22,—**

Nr.	Titel		EDV-Nr.	M
	Euripides — Tragödien			
30/5	**Fünfter Teil:** Die Troerinnen — Die Phoinikerinnen — Orestes Griechisch und Deutsch von Dietrich Ebener 1979. 314 S., gr. 8°, 710 g, >2066/30/5<		753 017 2	**38,—**
30/6	**Sechster Teil:** Iphigenie in Aulis — Die Bakchen — Der Kyklop Griechisch und Deutsch von Dietrich Ebener 1980. 248 S., 8 Taf., gr. 8°, 640 g, >2066/30/6<		753 018 0	**30,—**
31	Cicero — Staatstheoretische Schriften Latenisch und Deutsch von Konrat Ziegler 2., unveränderte Auflage 1979. 362 S., gr. 8°, 740 g, Leinen >2066/31<	[0886]	751 890 7	**32,—**

Schriften zur Geschichte und Kultur der Antike

Nr.	Titel		EDV-Nr.	M
17/1	Iatrus-Krivina. Spätantike Befestigung und frühmittelalterliche Siedlung an der unteren Donau. Verfaßt von einem Autorenkollektiv Hrsg. v. Zentralinstitut f. Alte Geschichte u. Archäologie d. AdW in Vereinbarung mit d. Archäologischen Institut d. Bulgarischen AdW **Bd I:** Ergebnisse der Ausgrabungen 1966—1973 1979. 215 S., 69 Abb., 78 Taf., 3 Tab., 5 Beilagen, 4°, 1270 g, Halbleinen >2143/17/1<	[0225]	753 447 2	**98,—**
	Bd II: Ergebnisse der Ausgrabungen 1966—1973 1981. >2143/17/II<			
18	Griechisches Münzwerk. Die Münzprägung von Bizye. Bearbeitet von Jordanka Jurukova Textband (Aus dem Bulgarischen übersetzt — Text: Burkhard Böttger/ Katalog: Edith Schönert-Geiß) Tafelband 1981. >2143/18<	[0207]	753 522 1	
19	Aischylos und Pindar. Studien zu Werk und Nachwirkung. Hrsg. v. Ernst Günther Schmidt 1981. >2143/19<	[0885]	753 533 6	
20	Wolfgang Hering: Die Dialektik von Inhalt und Form bei Horaz. Satiren Buch I und Epistula ad Pisones 1979. 87 S., gr. 8°, 160 g, >2143/20<	[0885]	753 583 8	**18,—**

Schriften zur Geschichte und Kultur des Alten Orient

Nr.	Titel		EDV-Nr.	M
14	Walter F. Reineke (H): First International Congress of Egyptology Cairo, October 2—10, 1976. Acts 1979. 704 S., 225 Abb. auf 93 Taf., gr. 8°, 1450 g, Halbleinen >2146/14<	[0875]	753 681 4	**(150,—)**

Berliner Turfantexte

Nr.	Titel		EDV-Nr.	M
IX	Şinasi Tekin: Maitrisimit nom bitig. Die uigurische Übersetzung eines Werkes der buddhistischen Vaibhāṣika-Schule 1. Teil: Transliteration, Übersetzung, Anmerkungen 2. Teil: Analytischer und rückläufiger Index 1980. I: 264 S.; II: 188 S., 4°, 1160 g, >2172/9/I. u. II<	[0876]	753 167 7	**170,—**

Nr.	Titel		EDV-Nr.	M
X	Manfred Taube: Die Tibetica der Berliner Turfansammlung 1980. ⟩2172/10⟨	[0875]	753 544 0	
XI	Werner Sundermann: Mitteliranische manichäische Texte kirchengeschichtlichen Inhalts 1981. ⟩2172/11⟨	[0876]	753 653 1	
	Altorientalische Forschungen			
VI	— 1979. 277 S., 23 Abb. auf 10 Taf., gr. 8°, 580 g, ⟩2171/6⟨		753 476 3	**56,—**
VII	— 1980. ⟩2171/7⟨		753 629 1	
VIII	— 1981. ⟩2171/8⟨		753 767 3	

Schriften zur Philosophie und ihrer Geschichte

Nr.	Titel		EDV-Nr.	M
16	Herbert Hörz / Czesław Nowiński (H): Gesetz — Entwicklung — Information. Zum Verhältnis von philosophischer und biologischer Entwicklungstheorie 1979. 390 S., 17 Abb., 6 Tab., 8°, 600 g, Leinen ⟩2178/16⟨	[0155]	753 417 3	**26,—**
18 V 3	Robert Steigerwald: Bürgerliche Philosophie und Revisionismus im imperialistischen Deutschland 1980. 353 S., 8°, 580 g, Leinen ⟩2178/18⟨	[0165]	753 526 4	**24,—**
19	Jörg Schreiter: Wahrheit — Wissenschaftlichkeit — Gesellschaftswissenschaften 1979. 102 S., 8°, 140 g, ⟩2178/19⟨	[0155]	753 575 8	**9,—**
20 V 3	Autorenkollektiv: Ideologie und Politik. Zur Krise der imperialistischen Politik und bürgerlichen politischen Theorie Nachdruck 1979. 138 S., 8°, 180 g, ⟩2178/20⟨	[0165]	753 576 6	**9,50**
21	Siegfried Paul: Objektive Gesetze. Klassifizierung — Symbolische Darstellung — Mathematische Abbildung 1979. 138 S., 12 Tab., 8°, 180 g, ⟩2178/21⟨	[0125]	753 577 4	**10,—**
22	Manfred Buhr / Jörg Schreiter: Erkenntnistheorie — kritischer Rationalismus — Reformismus. Zur jüngsten Metamorphose des Positivismus 1979. 96 S., 8°, 130 g, ⟩2178/22⟨	[0165]	753 612 8	**(6,50)**
23	Werner Röhr: Aneignung und Persönlichkeit. Studie über die theoretisch-methodologische Bedeutung der marxistisch-leninistischen Aneignungsauffassung für die philosophische Persönlichkeitstheorie 1979. 240 S., 8°, 300 g, Leinen, ⟩2178/23⟨	[0125]	753 706 7	**18,—**
24	Herbert Hörz: Zufall. Eine philosophische Untersuchung 1980. ⟩2178/24⟨	[0125]	753 782 5	
25	Renate Wahsner: Zur erkenntnistheoretischen Begründung der Physik. Atomismus und physikalische Grundprinzipien — dargestellt an Newton und Kauf			

Schriften zur Phonetik, Sprachwissenschaft und Kommunikationsforschung

Nr.	Titel		EDV-Nr.	M
18	Eberhard Stock: Untersuchungen zu Form, Bedeutung und Funktion der Intonation im Deutschen 1980. 184 S., 1 Abb., 11 Taf., 57 Tab., gr. 8°, 320 g, ⟩2102/18⟨	[0815]	752 472 5	**24,—**

	EDV-Nr.	M
Schriften zur Ur- und Frühgeschichte		
28 Rudolf Laser: Die römischen und frühbyzantinischen Fundmünzen auf dem Gebiet der DDR 1980. 498 S., 36 Abb., gr. 8°, 1600 g, Halbleinen >2044/28< [0225]	753 563 5	**165,–**
33 Peter Donat: Haus, Hof und Dorf in Mitteleuropa vom 7. bis 12. Jahrhundert. Archäologische Beiträge zur Entwicklung und Struktur der bäuerlichen Siedlung 1980. 255 S., 55 Abb., 12 Karten, 4°, 950 g, Halbleinen >2044/33< [0225]	753 554 7	**(86,–)**
Schriftenreihe des Zentralinstituts für Mathematik und Mechanik		
27 Witold Szablewski: Turbulente Scherströmungen. Freie Turbulenz 1979. XVII, 222 S., 128 Abb., 8 Tab., gr. 8°, 450 g, >2069/27< [1125]	762 507 5	**58,–**
28 Manfred Hoffmeister (H): Forschungsarbeiten zur Strömungsturbulenz. Zwei- und dreidimensionale Austauschvorgänge 1979. V, 189 S., 165 Abb., 11 Tab., gr. 8°, 320 g, >2069/28< [1125]	762 690 8	**48,–**
Reihe wird eingestellt. Fortsetzung unter „**Mathematische Forschungen**“		
Schriftenreihe für Geologische Wissenschaften		
Hrsg. v. Vorstand der Gesellschaft für Geologische Wissenschaften der DDR (GGW)		
13 Hannelore Peter: Die Florenentwicklung — pflanzen-geographische Differenzierung — im Zeitraum der Jura 1979. 84 S., 22 Abb., 3 Falttab., gr. 8°, 220 g, >2170/13< [1475]	762 652 9	**18,–**
14 Martin Guntau (H): Biographien bedeutender Geowissenschaftler der Sowjetunion. 19 biographische Darstellungen zu bedeutenden Gelehrten der russischen und sowjetischen Geologiegeschichte 1979. 199 S., 36 Abb., gr. 8°, 420 g, >2170/14< [1405]	762 687 9	**38,–**
15 H. Brause: Probleme des Krustenbaus und der geotektonischen Entwicklung auf der Geotraverse Baltikum-DDR-Česky massif H. Lutzens: Zur geotektonischen Entwicklung des Harzvariszikums mit besonderer Berücksichtigung synparoxysmaler Resedimentationsprozesse im Mittelharz 1979. 103 S., 29 Abb., 3 Taf., gr. 8°, 315 g, >2170/15< [1415]	762 713 4	**22,–**
16 Rudolf Daber: Evolution. Naturgeschichte höherer Pflanzen 1980. >2170/16< [1415/1475]	762 746 8	
Schröder, Eberhard: Dürer — Kunst und Geometrie. Dürers künstlerisches Schaffen aus der Sicht seiner „Underweysung“ V 1 1980. >6555< [1009]	762 736 1	
Schröder, Elisabeth / Gert Müller / Karl-Friedrich Arndt: Leitfaden der Polymercharakterisierung 1981. >6509< [1275]	762 612 3	

		EDV-Nr.	M
Schubert, Rudolf: Pflanzengeographie (WTB, Reihe Biologie)			
Schuh, J. (H): Chronobiologie — Chronomedizin (Abhandlg. d. AdW, Jg 79/1/N)			
Schultheis, Johannes: Bibliographie slawistischer Publikationen aus der DDR 1973 bis 1977 (s. Pohrt)			
Schulze, Bert-Wolfgang: Randwertprobleme für Pseudodifferentialoperatoren (Math. Lehrbücher u. Monographien, II. Abt./45)			
Schulze, Dietrich (H): Strukturabhängiges mechanisches Verhalten von Festkörpern (Abhandlg. d. AdW, Jg. 78/1/N)			
Schulze, Hans (H): Die Krise des Antisowjetismus (Beiträge z. Kritik d. bürgerl. Ideologie u. d. Revisionismus, 6)			
Schuppan, Joachim: Anwendungen der Konduktometrie (WTB, Reihe Chemie)			
—, —: Theorie und Meßmethoden der Konduktometrie (WTB, Reihe Chemie)			
Schuricht, Volkmar: Fusionsreaktoren und Umwelt (WTB, Reihe Mathematik / Physik)			
Schwabe, Kurt: pH-Messung (WTB, Reihe Chemie)			
Schwarz, Helmut: Optimale Regelung und Filterung. Zeitdiskrete Regelungssysteme (Lizenzausgabe d. Verlages Vieweg + Sohn. Wiesbaden) V 2 1980. >6570<	[1084]	762 781 2	
—: Zeitdiskrete Regelungssysteme. Eine Einführung (Lizenzausgabe des Verlages Friedrich Vieweg + Sohn, Wiesbaden) V 2 1979. 150 S., 42 Abb., 6 Tab., 8°, 195 g, >6498<	[1084]	762 583 3	**19,—**
Schwetlick, H. (H): Numerische Verfahren in Aktion (s. Friedrich)			
Sedlag, Ulrich: Biologische Schädlingsbekämpfung (WTB, Reihe Biologie)			
Seese, Detlef: Decidability and Generalized Quantifiers (Mathematische Forschung, 3)			
Seidel, Dietmar: Verantwortung — Risiko — Recht (Staats- u. rechtstheoret. Studien, 7)			

EDV-Nr. M

Seidenglanz, G.: Radioaktive Arzneimittel
(Kommentar z. Arzneibuch, 6)

Seidlein, H.-J. (H): Arzneimittel- und Apothekenrecht der DDR
(s. dort)

Semenjuk, N. N.: Zur Ausbildung der Norm der deutschen Literatursprache im Bereich des Verbs (1470—1730). Tempus und Modus
(Bausteine z. Sprachgeschichte d. Neuhochdeutschen, 56/V)

Seyfarth, Wolfgang: Römische Geschichte
(Taschenbuch Geschichte, 13)

Shinnie, Peter L.: The Capital of Kush I
(Meroitica, 4)

Siakkou, Manfred: Physik der Informationsspeicher
1979. IX, 204 S., 125 Abb., 8 Tab., 8°, 260 g, >6208< [1075] 761 965 2 **28,—**

Siedlungssysteme in der VR Polen und der DDR
(Wiss. Veröffentl. d. Geograph. Inst. d. AdW, 30)

Simon, Rüdiger: Chemie — Dialektik — Theorieentwicklung. Eine Untersuchung zu philosophischen Fragen der Chemie im Zusammenhang mit der Entwicklung der Theorie über Säuren und Basen
1980. VIII, 104 S., 8°, 150 g, >6552< [1204/0154] 762 416 0 **14,—**

Sinz, Rainer: Chronopsychophysiologie
(WTB, Reihe Biologie)

Širokorad, L. D.: Die politische Ökonomie des Sozialismus in der UdSSR während der Übergangsperiode — Methodologische Probleme — (Übersetzung aus dem Russischen; ins Deutsche übersetzt von Gertraud Wittenburg)
1977. 203 S., 8°, 210 g, >6309< [0305] 752 921 9 **12,50**

Sitzungsberichte der Akademie der Wissenschaften der DDR

Mathematik — Naturwissenschaften — Technik

Jahrgang 1978

20 Emanuel Heinisch: Biogeochemische Kreisläufe persistenter organischer Verbindungen. Dargestellt am Hexachlorbenzol
1979. 67 S., 9 Abb., 63 Tab., 8°, 95 g, >2010/78/20/N< [1315] 762 711 8 **7,50**

Jahrgang 1979

1 Christian Weißmantel: Anwendungen der Wechselwirkung zwischen Ionen und Festkörpern
1979. 37 S., 22 Abb., 5 Tab., 8°, 70 g, >2010/79/1/N< [1185] 762 726 5 **(4,50)**

2 Wolfgang Klinger: Entwicklungspharmakologie — Entwicklungstoxikologie. Zielsetzung und aktuelle Forschungsschwerpunkte, Biotransformation von Xenobiotika
1979. 17 S., 8 Abb., 8°, 40 g, >2010/79/2/N< [2065] 762 740 9 **3,—**

			EDV-Nr.	M
3	Werner Lange: Rohstoffprobleme — Strategie und Planung 1979. 24 S., 8 Abb., 4 Tab., 8°, 40 g, >2010/79/3/N<	[0305]	762 742 5	3,—
4	Wilhelm Hinz / Joachim Wiegmann: Vitrokerame — Keramovitrone 1979. 30 S., 3 Abb., 7 Tab., 8°, 70 g, >2010/79/4/N<	[3015]	762 750 5	3,—
5	Rolf Löther: Das Reduktionismusproblem in der Biologie 1979. 51 S., 2 Abb., 8°, 70 g, >2010/79/5/N<	[0155]	762 751 3	(6,—)
6	Günter Pasternak: Das Immunsystem des Organismus und seine Rolle bei der Krebserkrankung 1979. 24 S., 6 Abb., 2 Tab., 8°, 50 g, >2010/79/6/N<	[2025]	762 752 1	(3,—)
7	Klaus Strzodka: Zur Rohstoffversorgung der DDR 1979. 37 S., 8 Abb., 11 Tab., 60 g, >2010/79/7/N<	[3115]	762 754 8	(5,—)
8	Fritz Markwardt / Günter Vogel: Medikamentöse Beeinflussung der Thrombozytenfunktion. Experimentelle und klinische Untersuchungen mit Azetylsalizylsäure 1979. 32 S., 5 Abb., 4 Tab., 8°, 50 g, >2010/79/8/N<	[2025]	762 755 6	(3,50)
9	Heinz Stiller / Heiner Vollstädt: Hochdruckforschung Ergebnisse und Anwendungsmöglichkeiten 1979. 25 S., 21 Abb., 1 Tab., 8°, 60 g, >2010/79/9/N<	[3015]	762 756 4	(3,50)
10	Moritz Mebel: Möglichkeiten und Grenzen der Transplantation lebenswichtiger Organe 1979. 32 S., 14 Abb., dav. 2 farb., 3 Tab., 8°, 60 g, >2010/79/10/N<			(4,—)
11	Werner Jänisch: Ergebnisse der experimentellen Hirntumorforschung und ihre Bedeutung für die klinische Neuroonkologie. Herrn Prof. Dr. A. Graffi in Verehrung gewidmet 1979. 19 S., 10 Abb., 2 Tab., 8°, 40 g, >2010/79/11/N<	[2185]	762 764 4	3,50
12	Probleme und Ergebnisse aus der Arbeitsgruppe Kybernetik / Informationsverarbeitung der Klasse Mathematik 1977/78 1979. >2010/79/12/N<	[1095]	762 769 5	
13	Internationales Symposium anläßlich des 125. Geburtstages von Wilhelm Ostwald 1979. 243 S., 27 Abb., 3 Tab., 8°, >2010/79/13/N<	[1205]	762 770 8	28,—
14	Ausgewählte Entwicklungsrichtungen der organischen Chemie 1979. 35 S., 9 Abb., 3 Tab., 8°, 50 g, >2010/79/14/N<	[1275]	762 773 2	4,50
15	Ausgewählte Probleme der Werkstoffentwicklung 1979. 67 S., 33 Abb., 1 Tab., 8°, 120 g, >2010/79/15/N<	[3015]	762 774 0	(7,50)
16	Harald Aurich: Die Oxydation aliphatischer Kohlenwasserstoffe durch Bakterien 1979. 24 S., 10 Abb., 2 Tab., 8°, 50 g, >2010/79/16/N<	[1345]	762 784 7	(3,—)
17	Komplexe Nutzung des Rohstoffes Holz 1979. 68 S., 29 Abb., 12 Tab., 8°, 140 g, >2010/79/17/N<	[1275]	762 785 5	8,—
18	Karlheinz Lohs / Dieter Martinetz / Kurt Kutzschbauch: Entgiftung und Deponie von toxischen Produkten und Abprodukten. Naturwissenschaftlich-technische sowie ökonomisch-organisatorische Aspekte 1979. 83 S., 15 Abb., 13 Tab., 8°, 110 g, >2010/79/18/N<	[2065]	762 786 3	9,—
19	Hans-Heinz Emons / Hans-Henning Walter: Salz. Gesschichte — Gegenwart — Zukunft 1979, 48 S., 28 einfarb. u. 4 mehrfarb. Abb., 5 Tab., 100 g, >2010/79/19/N<	[1425]	762 787 1	6,50

EDV-Nr. M

20 Rigomar Rieger: Struktur und Strukturumbauten der Chromosomen vielzelliger Organismen
1979, 40 S., 28 Abb., 5 Tab., 8°, 60 g, >2010/79/20/N< [1355] 762 829 2 5,—

Jahrgang 1980

1 Wolfgang Bobeth: Zur Quantifizierung des Gebrauchswertes, dargestellt am Beispiel textiler Werkstoffe
1980. >2010/80/1/N< [0345] 762 842 8

2 Margit T. Rätzsch: Thermodynamik und biologische Entwicklung
1980. >2010/80/2/N< [1315] 762 843 6

3 Jürgen Kunze: Modellierung in der Linguistik und automatische Sprachverarbeitung
1980. 16 S., 8°, 40 g, >2010/80/3/N< [0185] 762 844 4 2,—

4 Niels Sönnichsen: Experimentelle und klinische Untersuchungen zur Pathogenese des Lupus erythematodes
1980. >2010/80/4/N< [2025] 762 846 0

5 Geographie, Kartographie, Umweltforschung. Edgar Lehmann zum 75. Geburtstag
1980. >2010/80/5/N< [1445] 762 856 7

6 Max Steenbeck zum 75. Geburtstag
1980. >2010/80/6/N< [1185] 762 857 5

7 Einige Aspekte von Umweltschutz und Umweltgestaltung in Industrie und Landwirtschaft
1980. >2010/80/7/N< [0365] 762 858 3

8 Gerhard Öhlmann: Katalyse — ein Hauptweg chemischer Stoffwandlung
1980. >2010/80/8/N< [1275] 762 859 1

Gesellschaftswissenschaften

Jahrgang 1978

5 Literaturgeschichte als geschichtlicher Auftrag. In memoriam Werner Krauss
1978. 294 S., 8°, 370 g, >2010/78/5/G< [7003] 753 586 2 19,—

Jahrgang 1979

1 In memoriam Fred Oelßner 27. 2. 1903—7. 11. 1977
1979. 64 S., 2 Abb., 2 Tab., 8°, 80 g, >2010/79/1/G< [0325] 753 688 1 5,—

2 Manfred Naumann: Literatur im „Kapital"
1979. 34 S., 8°, 60 g, >2010/79/2/G< [8075] 753 690 2 3,—

3 Ernst Engelberg: Über mittelalterliches Städtebürgertum. Die Stendaler Bismarcks im 14. Jahrhundert
Nachdruck
1979. 43 S., 8°, 60 g, >2010/79/3/G< [0225] 753 719 8 3,—

4 Johannes Irmscher: Das Antikebild unserer Gegenwart. Tendenzen und Perspektiven
1979. 23 S., 2 Abb., 8°, 50 g, >2010/79/4/G< [0215] 753 720 0 2,—

Nr.	Titel		EDV-Nr.	M
5	Eberhard Brüning: Die amerikanischen Schriftstellerkongresse der 30er Jahre — ihr internationalistischer Charakter und ihre Bedeutung für die Literaturentwicklung in den USA 1979. 21 S., 8°, 40 g, ⟩2010/79/5/G⟨	[0835]	753 738 2	2,—
6	Eberhard Poppe: Die „Allgemeine Erklärung der Menschenrechte" in der Gegenwart. — Zum 30. Jahrestag ihrer Verabschiedung — 1979. 26 S., 8°, 50 g, ⟩2010/79/6/G⟨	[0805]	753 741 1	2,—
7	Werner Mittenzwei: Ästhetik des Widerstands. Gedanken zu dem Versuch, eine ästhetische Kategorie für die Kunstentwicklung während des Kampfes gegen den Faschismus zu begründen 1979. 19 S., 8°, 40 g, ⟩2010/79/7/G⟨	[8101]	753 744 6	2,—
8	Helmut Koziolek: Grundlegende Zusammenhänge zwischen ökonomischer und sozialer Effektivität im entwickelten Sozialismus (Problemskizze) 1979. 47 S., 1 Tab., 8°, 70 g, ⟩2010/79/8/G⟨	[0325]	753 746 2	(3,—)
9	Helmut Koziolek: Zu einigen Problemen des ökonomischen Wachstums im Sozialismus 1979. 88 S., 23 Abb., 8°, 120 g, ⟩2010/79/9/G⟨	[0315]	753 756 9	6,50
10	Hermann Klenner: John Locke und der Formierungsprozeß der politisch-juristischen Standardtheorie des Bürgertums 1979. 36 S., 8°, 60 g, ⟩2010/79/10/G⟨	[0115]	753 758 5	3,—
11	Uwe-Jens Heuer: Die gesellschaftliche Wirksamkeit des Wirtschaftsrechts 1979. 21 S., 8°, 40 g, ⟩2010/79/11/G⟨	[0325]	753 759 3	2,—
12	Günter Kröber: Wissenschaft und friedliche Koexistenz. Zur Rolle der Wissenschaftsbeziehungen zwischen den USA und der UdSSR in der amerikanischen Außenpolitik 1979. 17 S., 8°, 40 g, ⟩2010/79/12/G⟨	[0155]	753 784 1	(2,—)
13	Joachim Hermann: Ökonomie und Gesellschaft an der Wende von der Antike zum Mittelalter. Zum Problem der Herausbildung der ökonomischen Grundlagen der Feudalgesellschaft im mittleren und westlichen Europa 1979. 72 S., 20 Abb., 4 Tab., 8°, 100 g, ⟩2010/79/13/G⟨	[0155]	753 786 8	5,—
14	Ernst Engelberg: Die Einheit in der Vielfalt der Revolutionen (1789 bis 1871) — zur Wirkungsweise historischer Gesetze 1979. 25 S., 8°, 40 g, ⟩2010/79/14/G⟨	[0235]	753 807 8	2,—

Jahrgang 1980

Nr.	Titel		EDV-Nr.	M
1	Peter H. Feist: Beiträge Richard Hamanns zur Methodik der Kunstgeschichtsschreibung 1980. ⟩2010/80/1/G⟨	[0715]	753 843 0	
2	Werner Scheler: Zum Gedenken an Johannes Stroux Gerhart Neuner: Sozialer Lebensprozeß und Erziehung 1980. 28 S., 8°, 60 g, ⟩2010/80/2/G⟨	[0625]	753 844 9	2,—
3	Karl-Heinz Günther: Zu einigen Entwicklungstendenzen der Allgemeinbildung 1980. ⟩2010/80/3/G⟨	[0625]	753 845 7	

		EDV-Nr.	M
4 Jürgen Kuczynski: Prolegomena zu einer Geschichte des Alltags des deutschen Volkes 1980. 14 S., 8°, 30 g, >2010/80/4/G<	[0265]	753 846 5	1,—
5 Probleme und Methoden zur Einschätzung komplexerer ökologischer Wirkung von Wirtschaftsmaßnahmen 1980. >2010/80/5/G<	[0326]	753 858 8	

Sitzungsberichte der Sächsischen Akademie der Wissenschaften zu Leipzig

Mathematisch-naturwissenschaftliche Klasse

Band 113

5 Manfred Gersch: Wachstum und Wachstumsregulatoren der Krebse. Biologische Erkenntnisse und generelle Erwägungen 1979. 32 S., 13 Abb., dav. 6 auf 4 Taf., 1 Tab., 8°, 60 g, >2027/113/5<	[1365]	762 723 0	6,—
6 Friedrich Wolf / Ursula Koch: Über den Einfluß der chemischen Struktur von Dispersionsfarbstoffen auf deren Dispersionsstabilität 1979. 18 S., 3 Abb., 10 Tab., 8°, 40 g, >2027/113/6<	[1215]	762 728 1	3,50
7 Friedrich Wolf / Wolfgang Heyer: Zur Sorption an Tetracalciumaluminathydroxysalzen 1980. >2027/113/7<	[1215]	762 828 4	

Band 114

1 Hasso Essbach: Morphologisches zur orthologischen und pathologischen Differenzierung und zum Anpassungs- und Abwehrvermögen der menschlichen Placenta 1980. 19 S., 12 Abb. auf 6 Taf., 8°, 50 g, >2027/114/1<	[2145]	762 749 2	4,—
2 Werner Ries: Risikofaktoren des Alterns aus klinischer Sicht 1980. 20 S., 10 Abb., 1 Taf., 8°, 40 g, >2027/114/2<	[2305]	762 776 7	4,—
3 Ott-Heinrich Keller: Anschaulichkeit und Eleganz beim Alexanderschen Dualitätssatz 1980. 19 S., 8°, 40 g, >2027/114/3<	[1025]	762 777 5	4,—

Philologisch-historische Klasse

Band 120

4 Rolf Lieberwirth: Der Staat als Gegenstand des Hochschulunterrichts in Deutschland vom 16. bis zum 18. Jahrhundert 1978. 28 S., 8°, 50 g, >2026/120/4<	[0615]	753 593 4	3,50
5 Rudolf Meyer: Gegensinn und Mehrdeutigkeit in der althebräischen Wort- und Begriffsbildung 1979. 31 S., 8°, 60 g, >2026/120/5<	[0875]	753 651 5	3,50
6 Werner Neumann: Aufgaben und Probleme der heutigen Bachforschung 1979. 25 S., 8°, 60 g, >2026/120/6<	[8381]	753 660 3	(3,—)

Band 121

1 Karl Czok: Vorstädte. Zu ihrer Entstehung, Wirtschaft und Sozialentwicklung in der älteren deutschen Stadtgeschichte 1979. 28 S., 8°, 50 g, >2026/121/1<	[0265]	753 743 8	3,—

		EDV-Nr.	M
2 Hans-Joachim Diesner: Politik und Ideologie im Westgotenreich von Toledo: Chindasvind 1979. 35 S., 8°, 60 g, >2026/121/2<	[0225]	753 678 5	**4,50**
3 Joachim Müller: Die dramatische Funktion von Mephistos Monolog in Goethes „Faust" I: „Verachte nur Vernunft und Wissenschaft . . ." (V. 1851–1867) 1980. 32 S., 8°, 50 g, >2026/121/3<	[8023]	753 749 7	**3,–**

Skworzow, L. W.: Geschichte und Antigeschichte
(Zur Kritik d. bürgerl. Ideologie, 96)

Slama-Cazacu, Tatiana: Das Verhältnis von Denken und Sprache in der Ontogenese
(Schriften z. Phonetik, Sprachwiss. u. Kommunikationsforschung, 16)

Sobik, Fred: Mathematische Informationstheorie
(Elektron. Rechnen u. Regeln, Bd 16)

Sönnichsen, Niels: Experimentelle und klinische Untersuchungen zur Pathogenese des Lupus erythematodes
(Sitzungsber. d. AdW, Jg 80/4/N)

„Sojus 22" erforscht die Erde Gemeinsame Ausgabe d. AdW der DDR, Forschungsbereich f. Geo- u. Kosmoswissenschaften/VEB Carl Zeiss Jena u. der AdW der UdSSR, Institut f. Kosmosforschung 1980. 284 S., 182 Abb., dav. 22 Farbtaf., 9 Tab., 4°, 900 g, Leinen >6418<	[1495]	762 430 4	**28,–**
Sozialpolitik in der DDR, Theorie und Praxis der —. Hrsg. v. Inst. f. Soziologie u. Sozialpolitik d. AdW d. DDR durch Günter Manz u. Gunnar Winkler 1979. 477 S., 6 Abb., 75 Tab., 8°, 740 g, Leinen >6529<	[0325]	753 602 1	**(28,–)**

Sprache und Gesellschaft

12 Aufgabenbezogene Kommunikation bei älteren Vorschulkindern. Eingeleitet u. hrsg. v. Erika Metze 1979. 327 S., 12 Abb., 21 Tab., 12 graphische Darstellungen, 8°, 370 g, >2161/12<	[0805]	753 293 6	**25,–**
13 A. A. Leont'ev: Grundlagen der Theorie der sprachlich-kommunikativen Tätigkeit 1980. >2161/13<	[0805]	753 294 4	
14 Renate Herrmann-Winter: Studien zur gesprochenen Sprache im Norden der DDR. Soziolinguistische Untersuchungen im Kreis Greifswald 1979. 270 S., 9 Abb., 2 Tab., 8°, 350 g, >2161/14<	[0805]	753 295 2	**24,–**
16 Dieter Nerius / Jürgen Scharnhorst (H): Theoretische Probleme der deutschen Orthographie 1980. 372 S., 21 Faksimiles, 8°, 450 g, >2161/16<	[0815]	753 561 9	**28,–**

Spreewald, Burger und Lübbenauer —
(Werte unserer Heimat, 36)

	EDV-Nr.	M
Staats- und rechtstheoretische Studien		
6 Richard Klar: Rechtsfragen internationaler Forschungseinrichtungen in den Mitgliedsländern des RGW 1979. 64 S., 8°, 100 g, >2173/6< [0485]	753 449 9	**5,80**
7 Dietmar Seidel: Verantwortung — Risiko — Recht. Die Stimulierung des wissenschaftlich-technischen Schöpfertums durch das sozialistische Recht 1979. 102 S., 8°, 140 g, >2173/7< [0475]	753 562 7	**8,50**
8 Beiträge zur Rechtsmethodologie und Rechtsmethodik (Übersetzung aus dem Russischen; wiss. Bearbeitung von einem Autorenkollektiv) 1980. 145 S., 2 Tab., 8°, 200 g, >2173/8< [0495]	753 679 3	**12,—**
9 Bürgerliches Recht im politischen System des Imperialismus 1980. 78 S., 8°, 150 g, >2173/9< [0495]	753 771 0	**5,—**
Stahn, Heinz: Analyse automatisierter Systeme diskreter technologischer Prozesse (Informatik — Kybernetik — Rechentechnik, 3)		
Steigerwald, Robert: Bürgerliche Philosophie und Revisionismus im imperialistischen Deutschland (Schriften z. Philosophie u. ihrer Geschichte, 18)		
Steinitz, Wolfgang unter Mitarbeit von Liselotte Böhnke, Gert Sauer, Brigitte Schulze: Dialektologisches und etymologisches Wörterbuch der ostjakischen Sprache 9. Lieferung: 1980. >2001/80/9<	753 787 6	**15,—**
—, —: Ostjakologische Arbeiten Bd 4: Beiträge zur Sprachwissenschaft und Ethnographie Für die Neuherausgabe bearbeitet von Gert Sauer u. Brigitte Schulze V 6 1980. >8050/4<	753 805 1	**48,—**
Stephanus the Philosopher (Corpus Medicorum Graecorum, 24)		
Steube, Anita: Temporale Bedeutung im Deutschen (studia grammatica, 20)		
Stiller, Heinz: Hochdruckforschung (Sitzungsber. d. AdW, Jg 79/9/N)		
—, — (H): Theoretical and Experimental Investigations of Physical Properties of Rocks and Minerals under Extreme *p*,T-conditions (Veröffentl. d. Forschungsber. f. Geo- u. Kosmoswiss., 9)		
Stoecker, Erika: A. S. Jerussalimski — Deutsche Geschichte im Leben des sowjetischen Historikers und Kommunisten 1980. VIII, 157 S., 16 Abb. auf Taf., 1 Titelbild, 8°, 360 g, Leinen >6412< [0258]	753 238 9	**18,—**
Stöcker, Gerhard (H): Biophysikalische Ökologie und Ökosystemforschung (s. Unger)		

		EDV-Nr.	M
Stock, Eberhard: Untersuchungen zu Form, Bedeutung und Funktion der Intonation im Deutschen (Schriften z. Phonetik, Sprachwiss. u. Kommunikationsforsch., 18)			
Stollberg, Zwischen Mülsengrund, — und Zwönitztal (Werte unserer Heimat, 35)			
Stolz, Hubertus: Supraleitung (WTB, Reihe Mathematik/Physik)			
Stoyan, Herbert: LISP — Anwendungsgebiete, Grundbegriffe, Geschichte 1980. >6315<	[1085]	762 759 9	
Strecker, Georg: Das Judenchristentum in den Pseudoklementinen (Texte u. Untersuchungen z. Gesch. d. altchristl. Lit., 14)			
Striegnitz, Sonja: Deutsche Internationalisten in Sowjetrußland 1917—1918 (Quellen u. Studien z. Gesch. Osteuropas, 24)			
Strobach, Hermann: Deutsches Volkslied in Geschichte und Gegenwart 1980. 167 S., 30 Notenbeispiele, 8°, 220 g, >6348<	[8390]	752 932 3	**7,50** **A 12,50**
—, — (H): Geschichte der deutschen Volksdichtung 1981. >6566<	[0705]	753 765 7	
Strzodka, Klaus: Zur Rohstoffversorgung der DDR (Sitzungsber. d. AdW, Jg 79/7/N)			
studia grammatica			
XX Anita Steube: Temporale Bedeutung im Deutschen 1980. >2115/20<		752 979 6	
Studien über Asien, Afrika und Lateinamerika			
8 Autorenkollektiv: Jahrhunderte ungleichen Kampfes in Asien und Afrika (Übersetzung aus dem Russischen; Herausgeber d. dt. Fassung: Hans Piazza) 1974. XII, 609 S., 3 Karten, 8°, 825 g, >2152/8<	[0235]	752 094 3	**40,—**
21 Kurt Büttner / Heinrich Loth (H): Philosophie der Eroberer und koloniale Wirklichkeit, Ostafrika 1884—1918 1981. >2152/21<	[0235]	752 925 1	
24 Wilfried Lulei: Die nationalen Einheitsfrontorganisationen in Vietnam. Historische Entwicklung und aktuelle Bedeutung 1979. 382 S., 8°, 490 g, >2152/24<	[0255]	752 949 7	**28,—**
26 Fritz Gruner (H): Literaturen Asiens und Afrikas. Theoretische Probleme 1981. >2152/26<	[8096]	752 982 5	
34 Siegmund Brauner / N. V. Ochotina (H): Studien zur nationalsprachlichen Entwicklung in Afrika. Soziolinguistische und sprachpolitische Probleme 1981. >2152/34<	[0875]	753 823 8	

	EDV-Nr.	M

Studien zur Algebra und ihre Anwendungen

2 G. A. Saizew: Algebraische Probleme der mathematischen und theoretischen Physik
(Übersetzung aus dem Russischen; in dt. Spr. hrsg. v. Hans-Jürgen Hoehnke)
1979. X, 154 S., gr. 8°, 310 g, >2174/2< [1115] 762 245 6 **32,–**

3 Günther Richter: Kategorielle Algebra
1979. VI, 299 S., 423 Abb., gr. 8°, 560 g, >2174/3< [1025] 762 377 4 **58,–**

7 Hans-J. Hoehnke (H): Algebraische Modelle, Kategorien und Gruppoide
1979. VI, 178 S., 8 Abb., 1 Tab., gr. 8°, 350 g, >2174/7< [1025] 762 642 2 **36,–**

Studien zur Geschichte der Akademie der Wissenschaften der DDR

2 Die Berliner Akademie der Wissenschaften in der Zeit des Imperialismus
Teil III: Die Jahre der faschistischen Diktatur 1933 bis 1945
Unter Mitarbeit des Kollektivs der Forschungsstelle verfaßt von Wolfgang Schlicker, Conrad Grau, Liane Zeil. Ltg. d. Arbeiten u. Gesamtredaktion Leo Stern
1979. XVIII, 419 S., 9 Tab., gr. 8°, 930 g, Leinen >2168/2/III< 762 708 9 **58,–**

6 Christa Kirsten / Hans-Jürgen Treder: Albert Einstein in Berlin 1913 bis 1933.
Teil I: Darstellung und Dokumente
V 5 1979. 288 S., 14 Abb., 7 Taf., 1 Titelbild, gr. 8°, 645 g, Leinen >2168/6< [1108] 762 700 3 **42,–**

7 dto. Teil II: Spezialinventar
V 5 1979. 296 S., gr. 8°, 635 g, Leinen >2168/7< 762 701 1 **38,–**

8 Physiker über Physiker II
Antrittsreden, Erwiderungen bei der Aufnahme von Physikern in die Berliner Akademie der Wissenschaften. Gedächtnisreden 1870 bis 1929
Bearbeitet von Christa Kirsten u. Hans-Günther Körber
V 5 1979. 298 S., 1 Frontispiz, 1 Taf., gr. 8°, 715 g, Leinen >2168/8< [1108] 762 703 8 **38,–**

Sundermann, Werner: Mitteliranische manichäische Texte kirchengeschichtlichen Inhalts
(Berliner Turfantexte, 11)

Sydow, Achim (H): Systemanalyse, Modellierung, Simulation. Anwendungsaspekte der Systemanalyse
Ausgewählte Beiträge der 7. Jahrestagung „Grundlagen der Modellierung und Simulation", Rostock, 12.–14. Dezember 1978
1970. 157 S., 28 Abb., 8°, 210 g, >6564< [1095] 762 805 7 **19,50**

—, — (H): System Analysis and Simulation
(Mathematische Forschung, 5)

Szablewski, Witold: Turbulente Scherströmungen
(Schriftenreihe d. Zentralinst. f. Mathematik u. Mechanik, 27)

Szabolcsi, Miklós: Attila József
(Literatur u. Gesellschaft, 73)

Tacitus — Das Leben des Julius Agricola
(Schriften u. Quellen d. Alten Welt, 8)

EDV-Nr. M

Tagungen der Gemeinsamen Kommission der Ökonomen der UdSSR **und** der DDR
(Abhandlg. d. AdW, Jg 78/9/W; 79/7/W)

Tagung des wissenschaftlichen Rates für Grundfragen der ideologischen Auseinandersetzung zwischen Sozialismus und Imperialismus
(Abhandlg. d. AdW. Jg 79/3/W)

Tagungen des Wissenschaftlichen Rates für die wirtschaftswissenschaftliche Forschung bei der AdW der DDR
(Abhandlg. d. AdW, Jg 78/8; 79/2, 5, 6/W; 80/2/W)

Tagung des Rates für staats- u. rechtswissenschaftliche Forschung d. AdW
(Abhandlg. d. AdW, Jg 79/1, 4 W; 80/1/W)

Tanneberger, Stephan (H): Experimentelle und klinische Tumorchemotherapie. Band 1: Allgemeine Tumorchemotherapie; Band 2: Spezielle Tumorchemotherapie
V 3 1980. Bd 1: 340 S., 46 Abb., 51 Tab.; Bd 2: 550 S., 19 Abb., 133 Tab., gr. 8°, 000 g, Leinen — beide Bände im Schuber —>6441< [2725] 762 469 7 **120,—**

Taschenbuch Geschichte

Geschichte der Araber

5 Teil III: Der Zusammenbruch des imperialistischen Kolonialsystems und der Kampf der arabischen Befreiungsbewegung am sozialen Fortschritt (1945 bis zur Gegenwart)

Bd 5: Der Zusammenbruch des imperialistischen Kolonialsystems und die Bildung souveräner arabischer Nationalstaaten
1980. >2151/5< [0235] 753 310 3

13 Wolfgang Seyfarth: Römische Geschichte. Die Kaiserzeit 1 u. 2
3., berichtigte Auflage 1980. **I:** 330 S.; **II:** X, 252 S., 37 Abb., 4 Falttaf., 2 farb. Titelbilder, 8 Karten, 8°, 740 g, Cellophan-Pappeinband >2151/13< [0224] 752 402 0 **19,60**

14 Geschichte Afrikas
Von den Anfängen bis zur Gegenwart

14/III dto. Teil III: Afrika vom zweiten Weltkrieg bis zum Zusammenbruch des imperialistischen Kolonialsystems
1981. >2151/14/III< 753 311 1

16 J. R. Grigulevič: Ketzer — Hexen — Inquisitoren. Geschichte der Inquisition (13.—20. Jahrhundert). (Übersetzung aus dem Russischen)
Mit einem Vorwort von Hubert Mohr
2., bearbeitete Auflage
1980. **I:** XIV, 340 S., 15 Abb.; **II:** VII, 311 S., 7 Abb., 8°, 870 g, Beide Bände >2151/16/I—II< [0235] 752 442 6 **19,60**

21 Heinz Kathe: Der „Soldatenkönig“. Friedrich Wilhelm I. 1688—1740 König in Preußen. Eine Biographie
2., durchgesehene u. verbesserte Auflage
1979. IX, 170 S., 38 Abb., 2 Karten, 8°, 320 g, >2151/21< [0268] 752 983 3 **(9,80)**

		EDV-Nr.	M
24 Hans Joachim Teller: Der kalte Krieg gegen die DDR. Von seinen Anfängen bis 1961 1979. XIV, 265 S., 22 Abb., 1 Chronik, 8°, 400 g, ›2151/24‹	[0275]	753 548 3	**(11,80)**
30 Hans Dieter Kubitscheck / Ingrid Wessel: Geschichte Indonesiens 1981. ›2151/30‹	[0235]	753 104 4	

Taube, Manfred: Die Tibetica der Berliner Turfansammlung
(Berliner Turfantexte, X)

Technologie, Probleme der modernen chemischen —
(Grundlagen d. Verfahrenstechnik u. chem. Technologie, 9)

Tekin, Şinasi: Maitrisimit nom bitig. Der uigurische Übersetzung eines Werkes der buddhistischen Vaibhāşika-Schule
(Berliner Turfantexte, IX)

Telle, Walter: Modelle der Plankoordinierung verschiedener Ebenen und Einheiten der sozialistischen Volkswirtschaft
(Forschungsber. d. Zentralinst. f. Wirtschaftswiss., 34)

Tembrock, Günter: Pharmakognosie
(WTB, Reihe Biologie)

Textausgaben zur frühen sozialistischen Literatur in Deutschland

XXI Reinhard Weisbach (H): Das lyrische Feuilleton des „Volksstaat". Gedichte der Eisenacher Partei 1979. XXXI, 147 S., 8°, 200 g, engl. Br. ›2119/XXI‹	[7105]	753 329 3	**18,—**
XXII Norbert Rothe (H): Frühe sozialistische satirische Prosa 1981. ›2219/XXII‹	[7105]	753 655 8	

Texte und Untersuchungen zur Geschichte der altchristlichen Literatur

Georg Strecker: Das Judenchristentum in den Pseudoklementinen 2., bearbeitete u. erweiterte Auflage 1980. ›2030/14‹	[Bd 70/V/15]	753 628 4	**48,—**
Emmanuel Amand de Mendieta / Stig. Y. Rudberg: Basile de Césarée. La tradition manuscrite directs des neuf homélies sur l'Hexaéméron 1980. VI, 280 S., gr. 8°, 480 g, ›2030/66‹	[Bd 123]	752 634 1	**58,—**
Überlieferungsgeschichtliche Untersuchungen Herausgegeben von Franz Paschke in Zusammenarbeit mit Jürgen Dummer, Johannes Irmscher, Kurt Treu 1981. ›2030/70‹	[Bd 125]	753 183 7	

Studia Evangelica

Elizabeth A. Livingstone: Papers presented to the Fifth International Congress in Biblical Studies held at Oxford, 1973 Vol. VII. With a Cumulative Index of Contributors to Studia Evangelica, Vols. I—VII 1980. ›2030/71‹		753 631 2	

Thierse, Wolfgang (H): Künstlerische Avantgarde
(Literatur u. Gesellschaft, 68)

	EDV-Nr.	M
Thießen, Peter Adolf: Erfahrungen, Erkenntnisse, Folgerungen 1979. VIII, 263 S., 2 Abb., 1 Titelbild, gr. 8°, 450 g, Leinen >6548< [1205/1105]	762 727 3	**24,—**
Thomas, Carlos: Paraneoplasien, Tumorsyntropien und Tumorsyndrome der Haut (s. Hagedorn)		
Thümmler, Heinzpeter: Sozialistengesetz § 28. Ausweisungen und Ausgewiesene 1878—1890 V 1 1979. 307 S., 26 Tab. i. Text u. 10 Tab. im Anhang, gr. 8°, 640 g, Leinen >6500< [0265]	753 488 6	**(28,—)**
Thüringisches Wörterbuch Auf Grund der von V. Michels begonnenen und H. Hucke fortgeführten Sammlungen bearbeitet unter Leitung von Karl Spangenberg an der Sektion Sprachwissenschaft d. Friedrich-Schiller-Universität Jena [0817]		
V. Band		
6. u. 7. Lieferung: Schlangenstreifen-Schnuppe 1979. 128 S., 6 Abb., 3 Karten, 4°, 360 g, >3051/V/6—7<	753 379 5	**36,—**
8. u. 9. Lieferung: 1980. >3051/V/8—9<	753 707 5	
10. u. 11. Lieferung: 1981. >3051/V/10—11<	753 853 7	
Thurow, Natur, Entwicklung und Wirtschaft einer jungpleistozänen Landschaft, dargestellt am Gebiet des Meßtischblattes — (Wiss. Abhandlg. d. AdLW, 60)		
Timofeev, E. N.: Technologie der Magnetbandherstellung (s. **Braginskij**)		
TNM-Klassifikation maligner Tumoren (s. Harmer)		
Tolstow, G. P.: Maß und Integral (Math. Lehrbücher u. Monographien, Abt. I/34)		
Träger, Claus: Die Herder-Legende des deutschen Historismus (Zur Kritik d. bürgerl. Ideologie, 93)		
Treder, Hans-Jürgen: Albert Einstein in Berlin 1913—1933 (Studien z. Geschichte d. AdW, 6, 7)		
—, — (H): Einstein-Centenarium 1979 (s. Einstein-Centenarium)		
—, —: Große kosmische Systeme (Veröffentl. d. Forschungsbereichs f. Geo- u. Kosmoswiss., 10)		
—, —: Grundfragen der Physik (WTB, Reihe Mathematik/Physik)		
—, —: On General Relativity (s. Mercier)		

	EDV-Nr.	M
Treiber, H.-G. (H): Grundlagen der Schaltungsentwicklung (s. Schneider)		
Trilse, Christoph: Antike und Theater heute (Literatur u. Gesellschaft, 11)		
Trivialnamenkartei Hrsg. v. d. Redaktion Chemisches Zentralblatt V 2 (Lizenzausgabe des Verlages Chemie, Weinheim) 6. Ergänzungslieferung 1979. 1024 Karten mit Bedienungsanweisung, 2400 g, >1007/6< [1207]		**268,—**
Tuschik, Hans-Peter: Decidability and Generalized Quantifiers (Mathematische Forschung, 3)		
Tuwinische Volksmärchen (Volksmärchen, 9)		
Übergangsperiode, Die DDR in der — (s. Badstübner)		
Uhlmann, Dietrich: Künstliche Ökosysteme (Abhandlg. d. SAW, math.-nat. Kl., Bd 54/3)		
Ulbricht, Heinz: Mechanik der Kontinua (WTB, Reihe Mathematik/Physik)		
Unbehauen, Rolf: Systemtheorie. Eine Darstellung für Ingenieure (Lizenzausgabe d. Oldenbourg Verlages, München) 3., völlig überarbeitete u. wesentlich erweiterte Auflage V 2 1980. 382 S. 149 Abb., gr. 8°, 820 g, Leinen >5722< [1034]	762 655 3	**58,—**
Ungarische Volksmärchen. Hrsg. v. Gyula Ortutay (Volksmärchen)		
Unger, Kurt / Gerhard Stöcker (H): Biophysikalische Ökologie und Ökosystemforschung mit Beiträgen von einem Autorenkollektiv 1981. >6563< [1315]	762 789 8	
Unger, Siegfried: Lernfähige Klassifizierungssysteme (Informatik — Kybernetik — Rechentechnik, 2)		
Vadée, Michel: Epistemologie oder Philosophie? (Zur Kritik d. bürgerl. Ideologie, 95)		
Valentey, D. I.: Das System der Wissenschaften von der Bevölkerung (Beiträge z. Demographie, 3)		
Varga, E. S.: Ausgewählte Schriften 1918—1964 Hrsg. v. Institut f. Internationale Politik u. Wirtschaft d. DDR **Erster Band:** Der Beginn der allgemeinen Krise des Kapitalismus **Zweiter Band:** Die Wirtschaftskrisen **Dritter Band:** Der Kapitalismus nach dem zweiten Weltkrieg Nachdruck V 3 1980. **I:** XLI, 459 S., 107 Tab.; **II:** XIV, 515 S., 199 Tab.; **III:** XIV, 443 S., 132 Tab., gr. 8°, zusammen 2850 g, Leinen >6486/I—III< [0306]	753 470 4	**58,—** **A 85,—**

		EDV-Nr.	M
Veröffentlichungen des Forschungsbereichs für Geo- und Kosmoswissenschaften Hrsg. v. Heinz Stiller u. Hans-Jürgen Treder			
9 H. Stiller / M. P. Volarovich (H): Theoretical and Experimental Investigations of Physical Properties of Rocks and Minerals under Extreme *p*,T-conditions 1979. 233 S., 146 Abb., 30 Tab., gr. 8°, 510 g, ⟩2156/9⟨	[1435]	762 688 7	**(38,—)**
10 Hans-Jürgen Treder / Jan-Peter Mücket: Große kosmische Systeme (Zu den teleskopischen Aspekten der Gravitation in der trägheitsfreien Gravodynamik) 1981. ⟩2156/10⟨	[1435]	762 850 8	
Veröffentlichungen des Museums für Völkerkunde zu Leipzig			
33 Die Nomaden in Geschichte und Gegenwart. Beiträge zu einem internationalen Nomadismus-Symposium am 11. und 12. Dezember 1975 im Museum für Völkerkunde Leipzig 1981. ⟩2085/I/33⟨	[0705]	753 673 4	
Veröffentlichungen des Zentralinstituts für Alte Geschichte und Archäologie der AdW der DDR Hrsg. v. Joachim Herrmann			
6/1 Kulturgeschichte der Antike. Von einem Autorenkollektiv unter Leitung von Reimar Müller **Band 1:** Griechenland 3., unveränderte Auflage 1980. 536 S., 82 Textillustrationen, 144 einf. Abb. u. 25 mehrfarb. Abb. auf 112 Taf., gr. 8°, 1450 g, Leinen ⟩2153/6/1⟨	[0705]	752 765 1	**28,—** **A 48,—**
6/2 dto. **Band 2:** Rom 2., durchgesehene Auflage 1980. 688 S., 96 Textillustrationen u. 207 Abb., dav. 27 mehrfarb. auf 104 Taf., gr. 8°, 1350 g, Leinen ⟩2153/6/2⟨		753 521 3	**35,—** **A 48,—**
9 Joachim Herrmann (H): Archäologische Denkmale und Umweltgestaltung 2., unveränderte Auflage 1981. 378 S., 37 Textillustrationen u. 59 Tafelabb., 1 Faltkarte, 1 Tab., gr. 8°, 1100 g, ⟩2153/9⟨	[0225]	753 420 2	**42,—**
10 Dimităr Angelov: Die Entstehung des Bulgarischen Volkes (Übersetzung aus dem Bulgarischen; Redaktion: Gottfried Janke u. Dankwart Rahnenführer) 1980. 153 S., 31 Abb. auf 16 Taf., 3 Karten, gr. 8°, 440 g, Leinen ⟩2153/10⟨	[0225]	753 545 9	**20,—**
Veröffentlichungen zur Volkskunde und Kulturgeschichte Hrsg. durch Reinhard Peesch, Hermann Strobach, Bernhard Weißel			
48 Siegfried Neumann: Ein mecklenburgischer Volkserzähler. Die Geschichten des August Rust 5., unveränderte Auflage 1979. 160 S., 1 Abb., gr. 8°, 460 g, Halbleinen ⟩2034/48⟨	[7009]	751 707 4	**(7,50)**

EDV-Nr. — M

63 Karl Baumgarten: Das deutsche Bauernhaus. Eine Einführung in seine Geschichte vom 9. bis zum 19. Jahrhundert
V 3 1980. ⟩2034/63⟨ [0705] 753 051 9 **18,–**
A 28,–

65 Hainer Plaul: Landarbeiterleben im 19. Jahrhundert
Eine volkskundliche Untersuchung über Veränderungen in der Lebensweise der einheimischen Landarbeiterschaft in den Dörfern der Magdeburger Börde unter den Bedingungen der Herausbildung und Konsolidierung des Kapitalismus in der Landwirtschaft. Tendenzen und Triebkräfte.
1979. 348 S., 30 Tab., 1 Karte, gr. 8°, 570 g, ⟩2034/65⟨ [0705] 753 308 2 **34,–**

66 Hans-Jürgen Rach / Bernhard Weißel (H): Landwirtschaft und Kapitalismus. Zur Entwicklung der ökonomischen und sozialen Verhältnisse in der Magdeburger Börde vom Ausgang des 18. Jahrhunderts bis zum Ende des ersten Weltkrieges
(Untersuchungen zur Lebensweise u. Kultur d. werktätigen Dorfbevölkerung in der Magdeburger Börde, Teil I)

66/2 dto. 2. Halbband
1979. 370 S., 17 Abb., 8 Taf., 97 Tab., gr. 8°, 820 g, Halbleinen ⟩2034/66/2⟨ 753 359 2 **38,–**

66/3 Bauer und Landarbeiter im Kapitalismus in der Magdeburger Börde. Zur Geschichte des dörflichen Alltags vom Ausgang des 18. bis zum Beginn des 20. Jahrhunderts. Hrsg. v. Hans-Jürgen Rach u. Bernhard Weißel
(Untersuchungen zur Lebensweise und Kultur der werktätigen Dorfbevölkerung in der Magdeburger Börde, Teil II)
1981. ⟩2034/66/3⟨ [0705] 753 465 9

67 Ulrich Bentzien: Bauernarbeit im Feudalismus. Landwirtschaftliche Arbeitsgeräte und -verfahren in Deutschland von der Mitte des ersten Jahrtausends u. Z. bis um 1800
1980. 271 S., 110 Abb. i. Text u. 26 Abb. auf 16 Taf., gr. 8°, 635 g, Halbleinen [0705] 753 512 5 **28,–**

68 Bernhard Weißel (H): Kultur und Ethnos. Zur Kritik der bürgerlichen Auffassungen über die Rolle der Kultur in Geschichte und Gesellschaft
1980. 300 S., gr. 8°, 450 g, ⟩2034/68⟨ [0705] 753 733 1 **28,–**

69 Rudolf Weinhold (H): Volksleben zwischen Zunft und Fabrik. Studien zu Kultur und Lebensweise werktätiger Klassen und Schichten während des Übergangs vom Feudalismus zum Kapitalismus
1981. ⟩2034/69⟨ [0705] 753 815 8

Viidalepp, Richard (H): Estnische Volksmärchen
(Volksmärchen, 8)

Völz, Horst: Elektronik. Grundlagen, Prinzipien, Zusammenhänge
2., stark überarbeitete u. ergänzte Auflage
1979. XIX, 1002 S., 783 Abb., 160 Tab., 7 Taf., gr. 8°, 1970 g, Leinen ⟩6118⟨ [1154] 762 476 9 **(95,–)**
3., unveränderte Auflage 1981

Vogel, Günter: Medikamentöse Beeinflussung der Thrombozytenfunktion
(Sitzungsber. d. AdW, Jg 79/8/N)

	EDV-Nr.	M
Voigtländer, Klaus: Die Stiftskirche zu Genrode und ihre Restaurierung 1858–1872 Mit Beiträgen von Hans Berger und Edgar Lehmann 1980. >6397< [8124]	753 213 5	
Volarovich, M. P. (H): Theoretical and Experimental Investigations of Physical Properties of Rocks and Minerals under Extreme *p*,T-conditions (Veröffentl. d. Forschungsber. f. Geo- u. Kosmoswiss. 9)		
Volksleben zwischen Zunft und Fabrik (Veröffentl. z. Volkskunde u. Kulturgeschichte, 69)		
Volksmärchen. Eine internationale Reihe		
2 **Ungarische Volksmärchen.** Hrsg. v. Gyula Ortutay (Übersetzung aus dem Ungarischen v. Mirza Schüching u. Geza Engl) Lizenzausgabe des Corvina-Verlages, Budapest V 1 6., berichtigte Auflage 1980. 549 S., 8°, 665 g, Leinen >2121/2<	751 329 2	**9,50**
3 **Belorussische Volksmärchen.** Hrsg. v. L. G. Barag (Übersetzung der Märchentexte aus dem Belorussischen v. Hans-Joachim Grimm; Übersetzung des Anhangs aus dem Russischen v. Gisela Griepentrog) 9. Auflage 1977. 648 S., 8°, 690 g, Leinen >2121/3<	751 327 6	**(12,–)**
6 **Deutsche Volksmärchen von arm und reich.** Hrsg. v. Waltraud Woeller 5. Auflage 1979. 415 S., 8°, 490 g, Leinen >2121/6<	751 629 0	**(9,50)**
7 **Ukrainische Volksmärchen,** Hrsg. v. P. V. Lintur (Übersetzung von Hans Joachim Grimm). Bearbeitet von Wilfried Fiedler 2. Auflage 1981. 800 S., 8°, 850 g, Leinen >2121/7<	751 934 4	**14,50**
8 **Estnische Volksmärchen.** Hrsg. v. Richard Viidalepp 1980. 456 S., 1 Karte, 8°, 000 g, Leinen >2121/8<	752 015 0	**10,50**
9 **Tuwinische Volksmärchen.** Hrsg. v. Erika Taube 1978. 412 S., 1 Karte, 8°, 450 g, Leinen >2121/9<	752 916 3	**(9,50)**
Vollstädt, Heiner: Hochdruckforschung (Sitzungsber. d. AdW, Jg 79/9/N)		
Wängler, Hans Heinrich: Atlas deutscher Sprachlaute. Aus dem Phonetischen Laboratorium der Universität Hamburg 6., unveränderte Auflage 1981. 55 S., 4 Abb., 29 Taf. mit Strichzeichnungen auf Cellophandeckblättern, 3 Tab., gr. 8°, 530 g, Leinen >5316< [0815]	750 863 7	**29,–**
Wahsner, Renate: Zur erkenntnistheoretischen Begründung der Physik (Schriften z. Philosophie u. ihrer Geschichte, 25)		
–, –: Newton und Voltaire (WTB, Reihe Texte u. Studien)		
Walter, H.-H.: Salz (Sitzungsber. d. AdW, Jg 79/19/N)		
Walther, Hans-Joachim / Friedrich Winkler: Wasserbehandlung durch Flockungsprozesse. Ergebnisse neuerer Grundlagenuntersuchungen 1981. >6392< [1235]	762 363 5	

EDV-Nr. M

Warentransport, Kolloquium Nutzung hydrometeorologischer Informationen für den — — Götzer Berge, Krs. Brandenburg, 29. und 30. Juni 1977 (Abhandlg. d. MD, 122)

Weese, Martin: Decidability and Generalized Quantifiers (Mathematische Forschung, 3)

Weinhold, Rudolf (H): Volksleben zwischen Zunft und Fabrik (Veröffentl. z. Volkskunde u. Kulturgeschichte, 69)

Weisbach, Reinhard (H): Das lyrische Feuilleton des „Volksstaat" (Textausgaben z. frühen sozialist. Lit., 21)

Weißel, Bernhard (H): Kultur und Ethnos (Veröffentl. z. Volkskunde u. Kulturgeschichte, 68)

—, — (H): Bauer und Landarbeiter im Kapitalismus in der Magdeburger Börde (Veröffentl. z. Volkskunde u. Kulturgeschichte, 66/3)

—, — (H): Landwirtschaft und Kapitalismus (Veröffentl. z. Volkskunde u. Kulturgeschichte, 66/1, 2)

Weißmantel, Christian: Anwendungen der Wechselwirkung zwischen Ionen und Festkörpern (Sitzungsber. d. AdW, Jg 79/1/N)

Weller, Friedrich: Untersuchungen über die textgeschichtliche Entwicklung des tibetischen Buddhacarita (Abhandlg. d. SAW, phil.-hist. Kl., Bd 69/3)

Welskopf, Elisabeth Charlotte (H): Soziale Typenbegriffe im alten Griechenland und ihr Fortleben in den Sprachen der Welt bis heute

Bd 1 u. 2: Belegstellenverzeichnis altgriechischer sozialer Typenbegriffe von Homer bis Aristoteles
1982. ⟩6557/1 + 2⟨ 753 723 5
Bd. 3: Untersuchungen ausgewählter altgriechischer sozialer Typenbegriffe
Bd 4: Untersuchungen ausgewählter altgriechischer sozialer Typenbegriffe und ihr Fortleben in Antike und Mittelalter
1982. ⟩6557/1 + 2⟨ 753 723 5
1981. ⟩6557/3—4⟨ [0885] 753 724 3
Bd. 5: Das Fortleben altgriechischer sozialer Typenbegriffe in der deutschen Sprache
1982. ⟩6557/5⟨ 753 866 8
Bd. 6 u. 7: Das Fortleben altgriechischer sozialer Typenbegriffe in den Sprachen der Welt bis heute
1982. ⟩6557/6—7⟨ [0805] 753 867 6

Wentzell, A. D.: Theorie zufälliger Prozesse (Math. Lehrbücher u. Monographien, II. Abt./50)

Werkstoffentwicklung, Ausgewählte Probleme der — (Sitzungsber. d. AdW, Jg 79/15/N)

	EDV-Nr.	M
Werner, Hans-Georg (H): Friedrich Gottlieb Klopstock — Werk und Wirkung Wissenschaftliche Konferenz der Martin-Luther-Universität Halle—Wittenberg im Juli 1974 1979. 307 S., gr. 8°, 500 g, ›6313‹ [8001]	752 907 5	**(28,—)**
Werte unserer Heimat		
31 Zwischen Zwickauer Mulde und Geyerschem Wald. Ergebnisse der heimatkundlichen Bestandsaufnahme in den Gebieten von Wildenfels, Lößnitz und Geyer 2., berichtigte Auflage 1980. XIV, 247 S., 39 Abb., 20 Taf., 1 Karte, 8°, 460 g, Leinen ›2084/31‹	753 337 3	**12,50**
32 Elbtal und Lösshügelland bei Meißen. Ergebnisse der heimatkundlichen Bestandsaufnahme in den Gebieten von Hirschstein und Meißen 1979. XII, 244 S., 38 Abb., 16 Taf., 1 Karte, 8°, 450 g, Leinen ›2084/32‹ 2. Auflage 1981 in Vorbereitung	753 338 1	**(12,50)**
33 Karl-Marx-Stadt. Ergebnisse der heimatkundlichen Bestandsaufnahme im Gebiet von Karl-Marx-Stadt 1979. XII, 255 S., 44 Abb., 20 Taf., 1 zweifarb. Faltkarte, 8°, 480 g, Leinen ›2084/33‹	753 466 7	**12,50**
34 Um Eberswalde, Chorin und den Werbellin-See. Ergebnisse der heimatkundlichen Bestandsaufnahme in den Gebieten Joachimsthal, Groß Ziethen, Eberswalde und Hohenfinow 1980. ›2084/34‹	753 624 0	
35 Zwischen Mülsengrund, Stollberg und Zwönitztal. Ergebnisse der heimatkundlichen Bestandsaufnahme in den Gebieten von Lichtenstein, Oelsnitz, Stollberg und Thalheim 1981. ›2084/35‹	753 676 9	
36 Burger und Lübbenauer Spreewald. Ergebnisse der heimatlichen Bestandsaufnahme in den Gebieten Burg und Lübbenau. Bearbeitet im Zusammenwirken mit Heinz-Dieter Krausch 1981. ›2084/36‹	753 766 5	
37 Ruppiner Land. Ergebnisse der heimatkundlichen Bestandsaufnahme in den Gebieten von Zühlen, Dierberg, Neuruppin und Lindow 1981. ›2084/37‹	753 801 9	
Wessel, I.: Geschichte Indonesiens (Taschenbuch Geschichte, 30)		
Wicht, Wolfgang: Virginia Woolf, James Joyce, T. S. Eliot (Literatur u. Gesellschaft, 71)		
Wiegmann, Joachim: Vitrokerame — Keramovitrone (Sitzungsber. d. AdW, Jg 79/4/N)		
Wielands Briefwechsel Hrsg. v. d. AdW d. DDR, Zentralinst. f. Literaturgeschichte, durch Hans Werner Seiffert [7100] 4 Briefe der Erfurter Dozentenjahre (15. Mai 1769—17. September 1772) Bearbeitet von Annerose Schneider und Peter-Volker Springborn 1979. VIII, 640 S., gr. 8°, 1200 g, Leinen ›3045/4‹	753 154 6	**80,—**

	EDV-Nr.	M
Wiesener, Klaus / Jürgen Garche / Wolfgang Schneider: Elektrochemische Stromquellen 1980. >6519< [1215]	762 085 6	
Winkler, Friedrich: Wasserbehandlung durch Flockungsprozesse (s. Walther) Wirtschaftsmaßnahmen, Probleme und Methoden zur Einschätzung komplexer ökologischer Wirkung von — (Sitzungsber. d. AdW, Jg 80/5/6)		
Wirzberger, Karl-Heinz: Von Cooper bis O'Neill. Beiträge zur USA-Literatur 1979. 246 S., 8°, 310 g, lackierter Pappeinband >6510< [8067]	753 519 2	**(9,50)** **A (18,—)**
Wissenschaft und Gesellschaft		
11/2 S. R. Mikulinskij / M. G. Jaroševskij / H. Steiner / R.-L. Winkler unter Mitarbeit v. P. Altner (H): Wissenschaftliche Schulen, Band 2 1979. 208 S., 1 Abb., 2 Tab., 8°, 260 g, >2162/11/2<	753 606 4	**12,50**
Wissenschaftliche Abhandlungen der Akademie der Landwirtschaftswissenschaften der DDR		
60 Natur, Entwicklung und Wirtschaft einer jungpleistozänen Landschaft, dargestellt am Gebiet des Meßtischblattes Thurow (Kreis Neustrelitz) Teil II: Klimatologische Grundlagen, Vegetation der Ackerflächen 1981. >2068/60< [1375]	762 440 0	
Wissenschaftliche Beiträge der Martin-Luther-Universität Halle/Wittenberg [0225]		
8 Joachim Preuß (H): Von der archäologischen Quelle zur historischen Aussage 1979. 308 S., 97 Abb., 3 Diagramme, 2 Schemas, gr. 8°, 650 g, Halbleinen >2145/8< Reihe wird eingestellt.	753 052 7	**45,—**
Wissenschaftliche Taschenbücher *Reihe Biologie*		
Richard Campbell: Mikrobielle Ökologie (Übersetzung aus dem Englischen) (Lizenzausgabe des Verlages Chemie, Weinheim/Bergstr.) V 2 1980. >7272< [1344, 1374]	762 848 7	**12,50**
J. G. Collee: Angewandte medizinische Mikrobiologie (Übersetzung aus dem Englischen) (Lizenzausgabe d. Verlages Chemie, Weinheim) V 2 1980. 224 S., 55 Abb., 21 Tab., kl. 8°, 170 g, >7265< [1344]	762 705 4	**12,50**
Helmut Friemel / Josef Brock: Grundlagen der Immunologie 4., bearbeitete Auflage 1978. 222 S., 80 Abb., 37 Tab., kl. 8°, 180 g, >7109< [1314] (als Lehrbuch für die Ausbildung an Universitäten u. Hochschulen d. DDR anerkannt.)	762 617 4	**12,50**
Falko H. Herrmann / Martina Ch. Herrmann: Das Hämoglobin des Menschen. Struktur, Funktion, Genetik V 3 1979. 136 S., 37 Abb., dav. 1. Falttaf., 13 Tab., kl. 8°, 110 g, >7264< [1315]	762 680 1	**8,—**

			EDV-Nr.	M
	Eberhard Hofmann: Die stofflichen Grundlagen des Lebens (Dynamische Biochemie, Teil I)			
	4., bearbeitete u. erweiterte Auflage ∘			
V 3	1979. 215 S., 44 Abb., 11 Tab., kl. 8°, 170 g, ⟩7033⟨	[1315]	761 353 3	**8,—**
	—, —: **Enzyme und Bioenergetik** (Dynamische Biochemie, II)			
	4., bearbeitete u. erweiterte Auflage			
V 3	1979. 248 S., 48 Abb., 13 Tab., kl. 8°, 200 g, ⟩7037⟨	[1314]	761 396 3	**8,—**
	—, —: **Der Stoffwechsel** (Dynamische Biochemie, III)			
	4., bearbeitete u. erweiterte Auflage			
V 3	1979. 310 S., 76 Abb., 11 Tab., 3 Falttaf., kl. 8°, 250 g, ⟩7091⟨	[1314]	761 397 1	**8,—**
	—, —: **Zellbiochemie** (Dynamische Biochemie, IV)			
	4., bearbeitete u. erweiterte Auflage			
	1981. 304 S., 79 Abb., 6 Tab., kl. 8°, 200 g, ⟩7110⟨	[1315]	761 609 9	**8,—**
	—, —: **Funktionelle Biochemie des Menschen**			
	Band 1 — 2., unveränderte Auflage			
V 3	1981. 305 S., 62 Abb., 22 Tab., kl. 8°, 250 g, ⟩7128⟨	[1314]	762 514 7	**12,50**
	dto. Band 2 — 2., unveränderte Auflage			
V 3	1981. 340 S., 47 Abb., 14 Tab., kl. 8°, 300 g, ⟩7129⟨	[1314]	762 515 5	**12,50**
	Wolfgang A. Knorre: Pharmakokinetik. Theoretische Grundlagen und praktische Anwendungen			
V 3	1980. ⟩7167⟨	[2064]	762 804 9	
	Gerhard Lerch: Pflanzenökologie			
	3., bearbeitete u. erweiterte Auflage			
	Teil I: Das Pflanzenleben in seiner natürlichen Umwelt			
	1980. 205 S., 48 Abb., 13 Tab., kl. 8°, 250 g, ⟩7262⟨	[1374]		
	Teil II: Zur Ökologie von Stoffproduktion und Ertragsbildung			
	1980. 216 S., 68 Abb., 19 Tab., kl. 8°, 270 g, ⟩7263⟨	[1374]	762 664 1	zus. **16,—**
	Stephan Schnitzler: Pharmakologische Aspekte von Immunreaktionen			
V 3	1979. 170 S., 36 Abb., 20 Tab., 8°, 130 g, ⟩7218⟨	[1314]	762 408 0	**8,—**
	Rudolf Schubert: Pflanzengeographie			
V 3	2., bearbeitete Auflage 1980. 300 S., 78 Abb., kl. 8°, 230 g, ⟩7035⟨	[1354]	760 028 1	**12,50**
	Ulrich Sedlag: Biologische Schädlingsbekämpfung			
	2., bearbeitete Auflage			
	1981. 172 S., 19 Abb., 6 Tab., kl. 8°, 155 g, ⟩7124⟨	[4274]	762 872 7	**8,—**
	Rainer Sinz: Chronopsychophysiologie. Chronobiologie und Chronomedizin			
	1980. 360 S., 87 Abb., 5 Tab., kl. 8°, 270 g, ⟩7217⟨	[1394]	762 404 8	**16,—**
	Günter Tembrock: Pharmakognosie			
	Teil I — 2., bearbeitete u. erweiterte Auflage			
V 3	1978. XIV, 189 S., 57 Abb., kl. 8°, 140 g, ⟩7061⟨	[2064]	762 178 7	**8,—**
	Teil II — 2., bearbeitete u. erweiterte Auflage			
V 3	1979. 169 S., 84 Abb., kl. 8°, 120 g, ⟩7062⟨	[2064]	762 179 5	**8,—**
	Teil III			
V 3	1979. 189 S., 65 Abb., 140 g, ⟩7241⟨	[2064]	762 180 8	**8,—**

			EDV-Nr.	M
	Regine Witkowski / Falko H. Herrmann: Einführung in die klinische Genetik 2., unveränderte Auflage			
V 3	1980. 216 S., 35 Abb., 6 Tab., kl. 8°, 190 g, ⟩7171⟨	[1324]	762 079 2	**12,50**
	Reihe Chemie			
	Hrsg. im Auftrage der Sektion Chemie bei der AdW v. H. Klare, E. Leibnitz, K. Schwabe			
	Peter Birner / Hans-Jörg Hofmann / Cornelius Weiss: MO-theoretische Methoden in der organischen Chemie			
	1979. 222 S., 15 Abb., 7 Tab., kl. 8°, 180 g, ⟩7187⟨	[1214]	762 327 2	**12,50**
	Rolf Borsdorf / Manfred Scholz: Spektroskopische Methoden in der organischen Chemie 4. bearbeitete Auflage			
	1981. ⟩7021⟨	[1274]	760 016 9	**8,—**
	Klaus Budde / Helmut Bulle / Helmut Rückauf: Stöchiometrie chemisch-technologischer Prozesse			
	1981. ⟩7223⟨	[1204]	762 457 4	
	Werner Döpke: Dynamische Aspekte der Stereochemie organischer Verbindungen			
	1979. 237 S., 217 Abb., 42 Tab., kl. 8°, 180 g, ⟩7185⟨	[1274]	762 325 6	**12,50**
	Erich Kleinpeter / Rolf Borsdorf: ^{13}C-NMR-Spektroskopie in der organischen Chemie			
	1980. ⟩7258⟨	[1234]	762 527 8	
	Hasso Meinert: Fluorchemie. Zur Chemie und Anwendung			
	1980. 215 S., 15 Abb., 21 Tab., kl. 8°, 180 g, ⟩7126⟨		762 730 2	**12,50**
	Burkart Philipp / Gerhard Reinisch: Grundlagen der makromolekularen Chemie 2., bearbeitete Auflage			
V 3	1976. 359 S., 53 Abb., 9 Tab., kl. 8°, 265 g, ⟩7018⟨	[1274]	760 014 2	**12,50**
	Reaktive Zwischenstufen in der organischen Chemie			
	1981. ⟩7249⟨	[1274]	762 555 0	
	Joachim Schuppan: Anwendungen der Konduktometrie			
	1980. 154 S., 70 Abb., 1 Tab., kl. 8°, 140 g, ⟩7261⟨	[1234]	762 619 0	**8,—**
	—, —: Theorie und Meßmethoden der Konduktometrie			
	1980. 148 S., 45 Abb., 15 Tab., kl. 8°, 120 g, ⟩7246⟨	[1234]	762 552 6	**8,—**
	Kurt Schwabe: pH-Messung			
	1980. 192 S., 51 Abb., 17 Tab., kl. 8°, 200 g, ⟩7247⟨	[1214/1234]	762 553 4	**12,50**
	Reihe Mathematik/Physik			
	Dietrich Bender / Ernst-Egon Pippig: Einheiten — Maßsysteme — S I 4., berichtigte Auflage			
V 3	1980. 236 S., 13 Abb., 45 Tab., kl.8°, 240 g, ⟨7097⟩	[1107]	761 512 5	**12,50**
	Siegfried Brehmer: Hilbert-Räume und Spektralmaße			
V 3	1979. 224 S., 6 Abb., kl. 8°, 180 g, ⟩7207⟨	[1034]	762 368 6	**12,50**
	Gottfried Fritzsche: Grundlagen und Entwurf passiver Analogzweipole Netzwerke I			
V 3	1979. 182 S., 37 Abb., 32 Taf., kl. 8°, 140 g, ⟩7208⟨	[3534]	762 371 5	**8,—**

			EDV-Nr.	M
V 3	**Gottfried Fritzsche: Entwurf passiver Analogvierpole** Netzwerke II 1979. 228 S., 68 Abb., 40 Tab., kl. 8°, 170 g, ›7209‹		762 369 4	**12,50**
V 3	**Entwurf aktiver Analogsysteme** Netzwerke III 1980. 223 S., 58 Abb., 28 Taf., kl. 8°, 190 g, ›7210‹		762 370 7	**12,50**
V 3	**Claus Hamann / Joachim Heim / Hubert Burghardt: Organische Leiter, Halbleiter und Photoleiter** 1980. 195 S., 68 Abb., 18 Tab., kl. 8°, 150 g, ›7252‹	[1214]	762 571 0	**12,50**
	Martin Heinrich / Heinz Ulbricht: Mechanik der Kontinua 1981. ›7182‹	[1114]	762 797 8	
V 3	**Karl Lanius: Physik der Elementarteilchen** 1981. ›7269‹	[1174]	762 923 3	
V 3	**W. S. Letochow: Laserspektroskopie** (Autorisierte Übersetzung aus dem Russischen; Bearbeitung d. dt. Ausgabe: E. Klose / M. Schubert) 1977. 212 S., 63 Abb., 10 Tab., kl. 8°, 175 g, ›7165‹	[1164]	762 395 0	**12,50**
	Dieter Michel: Grundlagen und Methoden der Kernmagnetischen Resonanz 1981. ›7266‹	[1174]	762 766 0	
	L. I. Miroschnitschenko: Kosmische Strahlung im interplanetaren Raum (Übersetzung aus dem Russischen; Bearbeitung d. dt. Ausgabe von Robert Knuth) 1979. 206 S., 64 Abb., 3 Tab., kl. 8°, 160 g, ›7244‹	[1405]	762 225 3	**12,50**
V 3	**Gernot Neugebauer: Relativistische Thermodynamik** 1980. 240 S., 16 Abb., kl. 8°, 200 g, ›7142‹	[1114]	762 775 9	**12,50**
V 3	**Volker Nollau: Semi-Markovsche Prozesse** 1980. 160 S., 10 Abb., kl. 8°, 100 g, ›7260‹	[1074]	762 613 1	**8,—**
	Robert Rompe / Hans-Jürgen Treder: Grundfragen der Physik. Geschichte, Gegenwart und Zukunft der physikalischen Grundlagenforschung 1980. 102 S., kl. 8°, 90 g, ›7216‹	[1104]	762 798 6	**8,—**
V 3	**Ernst Schmutzer: Symmetrien und Erhaltungssätze der Physik** 2., bearbeitete Auflage 1979. 167 S., 1 Abb., kl. 8°, 110 g, ›7175‹	[1114]	762 486 5	**8,—**
	Volkmar Schuricht: Fusionsreaktoren und Umwelt 1980. ›7134‹	[3274]	762 768 7	
V 3	**Hubertus Stolz: Supraleitung** 1979. 175 S., 33 Abb., kl. 8°, 140 g, ›7255‹	[1154]	762 261 6	**8,—**

Reihe Texte und Studien

			EDV-Nr.	M
	Horst-Heino v. Borzeszkowski / Renate Wahsner: Newton und Voltaire. Zur Begründung und Interpretation der klassischen Mechanik 1980. 292 S., 5 Abb., kl. 8°, 250 g, ›7123‹	[1104]	762 715 0	**16,—**
	I. T. Frolow / S. A. Pastušny: Der Mendelismus und die philosophischen Probleme der modernen Genetik (Autorisierte Übersetzung aus dem Russischen; in dt. Spr. hrsg. v. Rolf Löther) 1981. ›7228‹	[1324]	761 968 7	**12,50**

EDV-Nr. M

Gerhard Jackisch: Johann Heinrich Lamberts „Cosmologische Briefe" mit Beiträgen zur Frühgeschichte der Kosmologie
Mit einem Vorwort von Akademiemitglied Hans-Jürgen Treder
1979. 287 S., 7 Abb., kl. 8°, 200 g, ⟩7212⟨ [1495] 762 383 8 **12,50**

B. M. Kedrow (H): Das Neutron. Eine Artikelsammlung
(Übersetzung aus dem Russischen u. aus engl. u. französ. Originalarbeiten; in dt. Spr. hrsg. v. Roland Reif)
1979. 269 S., 11 Abb., gr. 8°, 210 g, ⟩7214⟨ [1174] 762 386 2 **12,50**

Horst Melcher: Albert Einstein wider Vorurteile und Denkgewohnheiten
2. Auflage
V 3 1979. 107 S., kl. 8°, 90 g, ⟩7239⟨ [1104] 762 543 8 **8,—**

Witkowski, Regine: Einführung in die klinische Genetik
(WTB, Reihe Biologie)

Wobus, Ulrich (H): Isolierung, Fraktionierung und Hybridisierung von Nukleinsäuren.
(Moderne Biowissenschaften, 12)

Wörterbuch der deutschen Gegenwartssprache [0817]
Hrsg. v. Ruth Klappenbach u. Wolfgang Steinitz
8. u. 9. Lieferung: Bestechung—chevaleresk
6. Auflage 1975. II, 160 S., gr. 8°, 280 g, ⟩3035/8—9⟨ 750 890 1 **8,—**

Band I: A — deutsch (Lieferung 1—10)
10., bearbeitete Auflage
1980. 838 S., gr. 8°, 1580 g, Leinen ⟩3035/1—10⟨ 750 925 0 **48,—**

Band II: Deutsch—Glauben (Lieferung 11—20)
7., durchgesehene Auflage
1981. 800 S., gr. 8°, 1430 g, Leinen ⟩3035/11—20⟨ 750 968 0 **48,—**

Band III: glauben—Lyzeum (Lieferung 21—30)
5., durchgesehene Auflage
1981. 820 S., gr. 8°, 650 g, Leinen ⟩3035/21—30⟨ 751 702 3 **48,—**

Band IV- M—Schinken (Lieferung 31—40)
4., durchgesehene Auflage
1981. 800 S., gr. 8°, 1460 g, Leinen ⟩3035/31—40⟨ 752 410 0 **48,—**

Band V: Schinken-—Vater-, vater- (Lieferung 41—50)
4. Auflage 1980. VIII, 800 S., gr. 8°, 1450 g, ⟩3035/41—50⟨ 752 947 0 **48,—**

Wolf, Friedrich: Über den Einfluß der chemischen Struktur von Dispersionsfarbstoffen auf deren Dispersionsstabilität
(Sitzungsber. d. SAW, math.-nat. Kl., Bd 113/6)

—, —: Zur Sorption an Tetracalciumaluminathydroxysalzen
(Sitzungsber. d. SAW, math.-nat. Kl. Bd 113/7)

Wüstenhagen, Heinz: Krisenbewußtsein und Kunstanspruch. Studien zu Roman und Essay in den USA seit 1945
1980. ⟩6588⟨ [8051] 753 836 9

Wysotzki, Fritz: Lernfähige Klassifizierungssysteme
(Informatik u. Rechentechnik, 2)

Yourgrau, W.: On General Relativity
(s. Mercier)

Zeitlin, G. J.: Algebra, Sprachen, Programmierung
(s. Gluschkow)

		EDV-Nr.	M
	Zentralinstitut für Physik der Erde (ZIPE) **Seismologischer Dienst Jena**		
	Reihe B: Seismologische Bulletins Johannes Stelzner / Dorothea Güth / Joachim Weyrauch: Seismological Bulletin Station Moxa (MOX) 1974: 1979. 286 S., 1 Abb., gr. 8°, 460 g, ⟩2004/B/1974⟨ [1437]	762 731 0	**36,—**
	Zimmermann, Konrad / I. I. Saverkina (H): Römische Sarkophage Band I: Römische Sarkophage in der Ermitage (Übersetzung aus dem Russischen; wiss. Redaktion: Konrad Zimmermann) [8108]	752 087 1	**(98,—)**
V 4	1979. 63 S., 122 Abb. auf 64 Taf., 4°, 1190 g, Halbleinen-Mappe ⟩5957⟨		
	Zimmermann, Peter: Auf der Suche nach Indien und Südostasien. Englische Belletristik im Zeitalter des Kolonialimperialismus 1980. ⟩6473⟨ [8051]	753 453 6	
	Žukov, V. N.: Bürgerliche und kleinbürgerliche ökonomische Theorien über den Sozialismus (Schriften d. Zentralinst. f. Wirtschaftswiss., 17)		
	Zumpe, Günter: Angewandte Mechanik **Bd 3** — Umformung von Vektormengen und Tensoren 1980. ⟩5557/3⟨	761 926 5	
	Zur Kritik der bürgerlichen Ideologie		
91	Hannelore Ploog: Im Netz der Manipulierung. Aldous Huxley und seine „Brave New World"		
V 3	1979. 122 S., 1 Abb., 8°, 150 g, ⟩2149/91⟨	753 683 0	**(4,80)**
92	Goetz D. Friedrich / Wolf D. Hartmann: Innovation contra Krise? Zur Kritik bürgerlicher Innovationstheorien		
V 3	1979. 116 S., 1 Abb., 6 Tab., 8°, 140 g, ⟩2149/92⟨	753 684 9	**(4,80)**
93	Claus Träger: Die Herder-Legende des deutschen Historismus		
V 3	1979. 74 S., 8°, 90 g, ⟩2149/93⟨	753 702 4	**3,—**
94	G. I. Patent: Zur Kritik der Existenzphilosopie Martin Heideggers (Übersetzung aus dem Russischen)		
V 3	1979. 118 S., 8°, 140 g, ⟩2149/94⟨	753 703 2	**(4,80)**
95	Michel Vadée: Epistemologie oder Philosophie? Zu G. Bachelards neuem epistemologischen Idealismus		
V 3	1979. 231 S., 8°, 220 g, ⟩2149/95⟨	753 704 0	**(9,—)**
96	L. W. Skworzow: Geschichte und Antigeschichte. Zur Kritik der Methodologie der bürgerlichen Geschichtsphilosophie 1979. 144 S., 8°, 140 g, ⟩2149/96⟨	753 739 0	**5,80**
97	Gerhard Lozek / Rolf Richter: Legende oder Rechtfertigung? Zur Kritik der Faschismustheorien in der bürgerlichen Geschichtsschreibung 1979. 94 S., 8°, 100 g, ⟩2149/97⟨	753 751 8	
98	Autorenkollektiv: „Demokratischer Sozialismus" — Ideologie des Sozialreformismus 1980. ⟩2149/98⟨	753 770 2	**(4,50)**
	Zwickauer Mulde, Zwischen — und Geyerschem Wald (Werte unserer Heimat, 31)		

Zeitschriften

Abkürzungen:

B = Bandpreis
H = Heftpreis
DH = Doppelheftpreis
J = Jahresbezugspreis
S. = etwa . . . Seiten je Heft

Erscheinungsweise:

Zahl mit Zusatz m = Ausgaben im Monat
Zahl mit Zusatz vj = Ausgaben im Vierteljahr
Zahl mit Zusatz hj = Ausgaben im Halbjahr
Zahl mit Zusatz j = Ausgaben im Jahr
u = unregelmäßig

Formatangaben in cm

Acta Biotechnologica

Journal of microbial biochemical and bioanalogous technology Published at Institute of Technical Chemistry of the Academy of sciences of the G.D.R., Leipzig and Institute of Ensymology and Technical Microbiology, Berlin by M. Ringpfeil and D. Meyer
1981 erscheint Bd 1
4 j, 96 S., 16,7 × 24 cm, Abb., >1094< **H 25,–**

Acta hydrochimica et hydrobiologica

Naturwissenschaftliche Grundlagen des Gewässerschutzes und der Wasserbehandlung / Scientific Fundamentals of Water Quality and Treatment
Hrsg. im Auftrage d. Chemischen Gesellschaft d. DDR u. d. Biologischen Gesellschaft d. DDR. v. J. Bosholm, J. Kaeding, W. v. Tümpling
1981 erscheint Bd 9 **H 29,50**
6 j (1 Bd), 112 S., 16,7 × 24 cm, Abb., 180 g, >1090< **A H 30,–**

acta polymerica

Zeitschrift für Polymerforschung
Begründet von Erich Correns und Walter Frenzel
Hrsg. v. Wolfgang Bobeth, Hermann Klare, Burkart Philipp, Christian Ruscher
Schriftleitung: J. Brämer, I. Ruscher
1981 erscheint der 32. Jahrgang **H 10,50**
1 m, 64 S., 21 × 29,7 cm, Abb., 200 g, >1014< **A H 18,–**

Altertum, Das

Im Auftrage des Zentralinstituts f. Alte Geschichte u. Archäologie der AdW der DDR hrsg. v. Burchard Brentjes, Joachim Herrmann, Johannes Irmscher
1981 erscheint Bd 27 **H 3,–**
1 vj, 64 S., 16,7 × 24 cm, Abb., 150 g, >1036< **A H 8,–**

Archiv für Acker- und Pflanzenbau und Bodenkunde

Arbeiten aus den Gebieten Bodenkunde, Meliorationswesen, Pflanzenernährung, Düngung, Acker- und Pflanzenbau sowie Grünlandkunde
Hrsg. v. d. ALW der DDR – Chefredakteur: P. Kundler
1981 erscheint Bd 25
1 m, 76 S., 16,7 × 24 cm, Abb., 160 g, >1051< **H 5,–**
A H 20,–

M

Archiv für Gartenbau

Hrsg. v. d. ALW der DDR — Schriftleitung: G. Friedrich
1981 erscheint Bd 29
u (j 1 Bd mit 8 Heften), 72 S., 16,7 × 24 cm, Abb., 100 g, ⟩1039⟨ **H 5,—**
A H 20,—

Archiv für Naturschutz und Landschaftsforschung

Hrsg. v. d. ALW der DDR — Chefredakteur: H. Meusel
1981 erscheint Bd 21
4 j, 72 S., 16,7 × 24 cm, Abb., 180 g, ⟩1066⟨ **H 5,—**
A H 20,—

Archiv für Phytopathologie und Pflanzenschutz

Hrsg. v. d. ALW der DDR — Chefredakteur: D. Spaar
1981 erscheint Bd 17
6 j, 72 S., 16,7 × 24 cm, Abb., 160 g, ⟩1081⟨ **H 5,—**
A H 20,—

Archiv für Tierernährung
Archiv of Animal Nutrition

Foundet by Ernst Mangold. Edited by H. Bergner
1981 erscheint Bd. 31
12 j, 72 S., 16,7 × 24 cm, Abb., 160 g, ⟩1010⟨ **H 15,—**
A H 18,—

Archiv für Tierzucht

Hrsg. v. d. ALW der DDR, Redaktionelle Bearbeitung: U. Rutenbeck
1981 erscheint 24
6 j, 96 S., 16,7 × 24 cm, Abb., 120 g, ⟩1058⟨ **H 7,—**
A H 25,—

Archiv für Züchtungsforschung

Hrsg. v. d. ALW der DDR — Schriftleitung: Joachim Dehne
1981 erscheint Bd 11
6 j 72 S., 16,7 × 24 cm, Abb., 120 g, ⟩1083⟨ **H 12,—**
A H 20,—

Asien, Afrika, Lateinamerika

Zeitschrift des ZENTRAAL
Herausgegeben vom Zentralen Rat für Asien-, Afrika- und Lateinamerikawissenschaften in der DDR unter Leitung v. Lothar Rathmann
1981 erscheint Bd 9
6 j, 192 S., 16,7 × 24 cm, Abb., 300 g, ⟩1025⟨ **H 7,—**
A H 15,—

Astronomische Nachrichten

Im Auftrage der AdW der DDR hrsg. v. ihren Mitgliedern P. Görlich, E. A. Lauter, M. Steenbeck, H.-J. Treder
1981 erscheint Bd 302
6 j, Bd zu 6 Heften, 56 S., 21 × 29,7 cm, Abb., 270 g, ⟩1005⟨ **H 14,—**
A H 25,—

M

Ausgrabungen und Funde

Archäologische Berichte und Informationen
Hrsg. v. Zentralinstitut für Alte Geschichte und Archäologie der AdW d. DDR
1981 erscheint Bd 26
6 j, 48 S., 16,7 × 24 cm, Abb., 120 g, ›1038‹ H 3,–
A H 8,–

Beiträge aus der Plasmaphysik
Contributions to Plasma Physics

Hrsg. v. R. Rompe, M. Steenbeck, G. Vojta, Johannes Wilhelm
1981 erscheint Bd 21
6 j, 72 S., 16,7 × 24 cm, Abb., 250 g, ›1064‹ H 19,–
A H 20,–

Beiträge für die Forstwirtschaft

Überleitungsorgan wissenschaftlicher Ergebnisse in die Praxis
Hrsg. v. Institut für Forstwissenschaften Eberswalde. Abt. Information
1981 erscheint der 15. Jahrgang
4 j, 48 S., 21 × 29,7 cm, Abb., 250 g, ›1088‹ H 10,–
A H 15,–

Beiträge zur Entomologie

Hrsg. v. d. ALW der DDR – Schriftleitung: G. Morge
1981 erscheint Bd 31
2 j, 216 S., 16,7 × 24 cm, Abb., 450 g, ›1017‹ H 20,–
A H 50,–

bibliographia geodaetica

Internationale Geodätische Dokumentation
Hrsg. v. Nationalkomitee für Geodäsie und Geophysik der AdW der DDR
1981 erscheint Bd 19
6 j, 96 S., 14,8 × 21 cm, 175 g, ›1073‹ H 20,–

Biometrical Journal

Journal of Mathematical Methods in Biosciences
Zeitschrift für mathematische Methoden in den Biowissenschaften
Hrsg. am Zentralinstitut f. Mathematik u. Mechanik d. AdW d. DDR von Erna Weber
1981 erscheint Bd 23
8 j, 104 S., 16,7 × 24 cm, Abb., 150 g, ›1060‹ H 19,50
A H 25,–

Crystal Research and Technology

Journal of Experimental and Industrial Crystallography
(Kristall und Technik)
Zeitschrift für experimentelle und technische Kristallographie
Gegründet v. W. Kleber und H. Neels. Hrsg. v. H. Neels unter Mitwirkung eines internationalen Autorenkollektivs
1981 erscheint der 16. Jahrgang
1 m, 132 S., 16,7 × 24 cm, Abb., 220 g, ›1082‹ H 23,–
A H 30,–

M

Demos

Internationale ethnographische und folkloristische Informationen
Hrsg., v. R. Weinhold u. B. Weißel, Zentralinstitut f. Geschichte, Wissenschaftsbereich Kulturgeschichte/Volkskunde d. AdW d. DDR
1981 erscheint der 21. Jahrgang
4 j, 48 S., 21 × 29,7 cm, 110 g, >1062< **H 10,–**
A H 12,–

Deutsche Entomologische Zeitschrift

Hrsg. v. Zoologischen Museum, Museum für Naturkunde an der Humboldt-Universität zu Berlin — Schriftleitung: H. J. Hannemann
1981 erscheint Neue Folge Bd 26
u, j 1 Bd zu 5 Heften, 88 S., 16,7 × 24 cm, Abb., 330 g, >1032< **Bd 35,–**
A Bd 75,–

Deutsche Literaturzeitung

für Kritik der internationalen Wissenschaft
Hrsg. im Auftrage der Akademie der Wissenschaften der DDR von Werner Hartke
1981 erscheint der 102. Jahrgang
1 m, 48 S., 21 × 29,7 cm, 120 g, >1003< **H 2,–**
A H 6,–

Elektronische Informationsverarbeitung und Kybernetik — EIK

(Journal of Information and Cybernetics)
Hrsg. im Auftrage d. Mathematischen Gesellschaft der DDR und d. Zentralinstituts für Kybernetik u. Informationsprozesse d. AdW d. DDR von Wilhelm Kämmerer u. Helmut Thiele unter Mitarbeit eines internationalen Autorenkollektivs
1981 erscheint Bd 17
Schriftleitung: Heinz D. Modrow
1 m, 64 S., 16,7 × 24 cm, Abb., 180 g, >1076< **H 10,–**
A H 12,50

Ernährungsforschung

Wissenschaft und Praxis
Hrsg. v. Zentralinstitut für Ernährung d. AdW d. DDR in Zusammenarbeit mit der Gesellschaft f. Ernährung in der DDR, der Arbeitsgruppe Ernährung beim Nationalen Komitee für Gesundheitserziehung der DDR und dem Warenzeichenverband Diätetische Erzeugnisse der DDR
1981 erscheint Bd 26
6 j, 1 Bd zu 6 Heften, 32 S., 21 × 29,7 cm, Abb., 150 g, >1091< **H 5,–**
A H 12,–

Feddes Repertorium

Zeitschrift für botanische Taxonomie und Geobotanik
Begründet von Friedrich Fedde, weitergeführt von Werner Rothmaler
Hrsg. v. H. Meusel, A. Scamoni, W. Vent
1981 erscheint Bd 92
10 j, 1 Bd zu 10 Heften, 90 S., 16,7 × 24 cm, Abb., 280 g, >1021< **H 15,–**

M

Fortschritte der Physik / Progress of Physics

Hrsg. im Auftrage der Physikalischen Gesellschaft der DDR
v. Frank Kaschluhn, Artur Lösche, Rudolf Ritschl, Robert Rompe
1981 erscheint Bd 29
1 m, 56 S., 16,7 × 24 cm, Abb., 160 g, >1027< **H 10,–**
A H 15,–

Internationale Revue der gesamten Hydrobiologie

Begründet v. R. Woltereck
Hrsg. v. H. Caspers, D. Uhlmann, G. G. Winberg
1981 erscheint Bd 66
6 j, 152 S., 16,7 × 24 cm, Abb., 220 g, >1071< **H 39,–**
A H 45,–

Isotopenpraxis

Hrsg. v. Justus Mühlenpfordt, Carl Friedrich Weiss unter Mitwirkung eines Autorenkollektivs
1981 erscheint der 17. Jahrgang
1 m, 40 S., 21 × 29,7 cm, Abb., 160 g, >1079< **H 9,–**
A H 15,–

Journal für Hirnforschung

Internationales Journal für Neurobiologie
Begründet von Cécile und Oskar Vogt
Unter Mitwirkung des Cécile und Oskar Vogt Instituts für Hirnforschung in Düsseldorf und der Arbeitsgemeinschaft für vergleichende Neuroanatomie der Fédération mondiale de Neurologie (World Federation of Neurology) hrsg. v. J. Anthony, A. Hopf, W. Kirsche, J., Szentàgothae
1981 erscheint Bd 22
u, 6 Hefte bilden einen Band, je Heft 120 S., 21 × 29,5 cm, Abb., 275 g, >1018< **H 31,–**
A H 40,–

Journal für Signalaufzeichnungsmaterialien
Journal of Information Recording Materials

Hrsg. v. d. VEB Filmfabrik Wolfen, Fotochemisches Kombinat, unter der Chefredaktion von K. Stopperka
1981 erscheint Bd 9
6 j, 80 S., 16,7 × 24 cm, Abb., 160 g, >1089< **H 15,–**
A H 20,–

Journal of Biosciences
(Acta biologica et medica germanica)

Zeitschrift für funktionelle Biowissenschaften
Hrsg. v. R. Baumann, H. Dutz, A. Graffi, F. Jung, O. Prokop, S. M. Rapoport
Schriftleitung: H. Bielka, W. Scheler
1981 erscheint Bd 40
12 j, 172 S., 16,7 × 24 cm, Abb., 380 g, >1053< **H 24,–**
A H 35,–

M

Kernenergie

Zeitschrift für Kernforschung und Kerntechnik
Hrsg. durch die Ingenieurhochschule Zittau
Mit der Herausgabe beauftragt: G. Schumann
1981 erscheint der 24. Jahrgang
1 m, 40 S., 21 × 29,7 cm, Abb., 240 g, ⟩1078⟨ **H 14,–**
H 20,–

Klio

Beiträge zur Alten Geschichte
Hrsg. v. Zentralinstitut für Alte Geschichte u. Archäologie d. AdW der DDR
In Arbeitsgemeinschaft mit der Dietrich'schen Verlagsbuchhandlung Wiesbaden
1981 erscheint Bd 63
2 j, 1 Bd zu 2 Heften, 336 S., 16,7 × 24 cm, Abb. 430 g, ⟩1046⟨ **H 48,50**
A H 65,–

Landwirtschaftliches Zentralblatt

Hrsg. v. d. AdW der DDR, Institut für landwirtschaftliche Information und Dokumentation
Chefredakteur: W. Kleeberg

Abteilung I — Landtechnik
1981 erscheint der 27. Jahrgang
9 j, 176 S., 14,8 × 21 cm, 180 g, ⟩1030/I⟨ **H 20,–**

Abteilung II — Pflanzliche Produktion
1981 erscheint der 26. Jahrgang
1 m, 256 S., 14,8 × 21 cm, 230 g, ⟩1030/II⟨ **H 20,–**

Abteilung III — Tierzucht · Tierernährung · Fischerei
1981 erscheint der 26. Jahrgang
1 m, 208 S., 14,8 × 21 cm, 230 g, ⟩1030/III⟨ **H 20,–**

Abteilung IV — Veterinärmedizin
1981 erscheint der 26. Jahrgang
1 m, 208 S., 14,8 × 21 cm, 250 g, ⟩1030/IV⟨ **20,–**
Abt. I—IV **A H 25,–**

Einseitig bedruckte Ausgabe je Abteilung **H 24,–**
A H 29,–

Mathematische Nachrichten

Gegründet von Erhard Schmidt
Hrsg. v. Zentralinstitut f. Mathematik u. Mechanik d. AdW d. DDR gemeinsam mit einem Autorenkollektiv
1981 erscheinen Bd 100—104
u, j 5 Bände, je Bd 344 S., 16,7 × 24 cm, Abb., 450 g, ⟩1019⟨ **Bd 60,–**
A Bd 90,–

Mitteilungen aus dem Zoologischen Museum in Berlin

Hrsg. v. Zoologischen Museum, Museum für Naturkunde an der Humboldt-Universität zu Berlin
Schriftleitung: G. Hartwich / H.-E. Gruner
1981 erscheint Bd 57
j 1 Bd zu 3 Heften, 184 S., 16,7 × 24 cm, Abb., 350 g, ⟩1029⟨ **H 35,–**

M

Nahrung, Die — / Food

Chemie, Biochemie, Mikrobiologie, Technologie, Ernährung
Begründet von Arthur Scheunert/Kurt Täufel
(Von 1957 bis 1970 hrsg. v. K. Täufel)
Hrsg. v. Zentralinstitut für Ernährung in Potsdam-Rehbrücke der AdW der DDR — Schriftleitung: U. Behnke, M. Uhlmann J. Voigt
1981 erscheint der 25. Jahrgang
10 j, 100 S., 17 × 24 cm, Abb., 250 g, >1054< **H 12,—**
A H 20,—

optimization

Mathematische Operationsforschung und Statistik
series optimization
Published at Sektion Mathematik, Rechentechnik und ökonomische Kybernetik, Technische Hochschule Ilmenau
Chief Editor: Karl-Heinz Elster
1981 erscheint Bd 12
4 j, 1 Bd zu 4 Heften, 160 S., 16,7 × 24 cm, m. Abb. 280 g, >1093< **H 20,—**
A H 30,—

Orientalistische Literaturzeitung

Monatsschrift für die Wissenschaft vom ganzen Orient und seinen Beziehungen zu den angrenzenden Kulturkreisen
Im Auftrage d. AdW der DDR hrsg. v. Fritz Hintze
1981 erscheint der 76. Jahrgang
j 6 Hefte, 64 S., 21 × 29,7 cm, 140 g, >1024< **H 12,—**
A H 22,—

Pädiatrie und Grenzgebiete

Begründet von J. Dieckhoff, G. O. Harnapp, S. Liebe, G. Merrem, H. W. Ocklitz
Hrsg. v. G. O. Harnapp, S. Liebe, P. Grossmann, H. W. Ocklitz
Schriftleitung: B. Schneeweiß
1981 erscheint Bd 22
j 1 Bd zu 6 Heften, 80 S., 16,7 × 24 cm, Abb., 150 g, >1072< **H 16,—**
A H 18,—

Philologus

Zeitschrift für klassische Philologie
Hrsg. v. Zentralinstitut für Alte Geschichte u. Archäologie
1981 erscheint Bd 125
2 j, 160 S., 17 × 24 cm, 220 g, >1031< **H 21,—**
A H 30,—

physica status solidi (b)

basic research
Hrsg. v. P. Aigrain, S. Amelinckx, V. L. Bonch-Bruevich, M. Cardona, W. Dekeyser, W. Franz, P. Görlich, E. Gutsche, R. Kaischew, P. T. Landsberg, S. Lundqvist, L. Néel, A. Piekara, A. Seeger, F. Seitz O. Stasiw, M. Steenbeck, F. Stöckmann, J. Tauc
Schriftleitung: P. Görlich
In Arbeitsgemeinschaft mit Academic Press, London
1981 erscheinen Bd 91—96
je 6 Bände zu je 2 Heften, 480 S., 16,7 × 24 cm, Abb., 900 g, >1068< **B 130,—**
A B 180,—

M

physica status solidi (a)

applied research
Hrsg. v. S. Amelinckx, J. Auth, H. Bethge, K. W. Böer, P. Görlich G. M. Hatoyama, C. Hilsum, B. T. Kolomiets, W. J. Merz, A. Seeger, G. Szigeti, K. M. van Vliet
Schriftleitung: P. Görlich
In Arbeitsgemeinschaft mit Academic Press, London
1981 erscheinen Bd 51–56
je 6 Bände zu je 2 Heften, 480 S., 16,7 × 24 cm, Abb., 900 g, >1085< **B 130,–**
A B 180,–

Sowjetische Beiträge zur Faserforschung und Textiltechnik in deutscher Übersetzung

Hrsg. v. d. Institut für Polymerenchemie in Teltow-Seehof und d. Institut f. Technologie der Fasern in Dresden d. AdW d. DDR
Schriftleitung: Joachim Brämer
1981 erscheint der 18. Jahrgang
1 m, 56 S., 21 × 29,7 cm, 170 g, >1074< **H 7,50**

statistics

Mathematische Operationsforschung und Statistik
series statistic
Published at Central Institute of Mathematics and Mechanics Academy of Sciences of the G.D.R.
Chief Editor: Olaf Bunke
1981 erscheint Bd 12
4 j, 1 Bd zu 4 Heften, 160 S., 16,7 × 24 cm, m. Abb., 310 g, >1092< **H 20,–**
A H 30,–

studia biophysica

Internationale Zeitschrift für ausgewählte Gebiete der Biophysik
Hrsg. im Auftrage der Gesellschaft für physikalische und mathematische Biologie der DDR und des Koordinierungszentrums für das RGW-Programm Biophysik v. G. Wangermann u. G. R. Ivanztzki
Chefredakteur: A. Rackow
1981 erscheint Bd 86–88
j 6 Bd., je Bd 250 S., 14,7 × 20,4 cm, 120 g, >1086< **Bd 36,–**
dto. mit Microfiche-Beilage **Bd 50,–**

Wissenschaft und Fortschritt

Populärwissenschaftliche Monatszeitschrift für Naturwissenschaften und Mathematik
Hrsg. v. d. AdW der DDR
1981 erscheint der 31. Jahrgang
1 m, 40 S., 21 × 29,7 cm, Abb., 150 g, >1087< **H 1,–**
A H 2,–

M

Zeitschrift für Ägyptische Sprache und Altertumskunde

Hrsg. v. Fritz Hintze
1981 erscheint Bd 108
u (2 Hefte ein Band), 88 S., 21 × 29,7 cm, Abb., 260 g, >1028< **H 35,–**
A H 50,–

Zeitschrift für Allgemeine Mikrobiologie

Morphologie, Physiologie, Genetik und Ökologie der Mikroorganismen
Hrsg. v. F. Egami, G. F. Gause, O. Hoffmann-Ostenhof, A. A. Imšeneckii, G. Ivánovicz, R. W. Kaplan, G. W. Kidder, F. Mach, I. Málek, C. Weibull
Schriftleitung: W. Schwartz und U. Taubeneck
1981 erscheint Bd 21
j 1 Band mit 10 Heften, 76 S., 16,7 × 24 cm, Abb., 190 g, >1070< **H 20,–**
A H 25,–

Zeitschrift für angewandte Geologie

Hrsg. v. d. Zentralen Geologischen Institut im Auftrag des Ministeriums f. Geologie
Chefredakteur: Kurt Lauter
1981 erscheint Bd 27
1 m, 52 S., 21 × 29,7 cm, Abb., 150 g, >1047< **H 2,–**
A H 12,–

Zeitschrift für angewandte Mathematik und Mechanik — ZAMM

Ingenieurwissenschaftliche Forschungsarbeiten
Hrsg. v. G. Schmidt unter Mitwirkung eines internationalen Autorenkollektivs
1981 erscheint Bd 61
j 1 Bd zu 12 Heften einschließlich 1 Tagungsheft, Gesamtumfang 1080 S., 21 × 29,7 cm, Abb., ca. 3000 g, >1009< **Bd 216,–**
A Bd 360,–

Zeitschrift für geologische Wissenschaften

Hrsg. v. Vorstand der Gesellschaft für Geologische Wissenschaften der DDR (GGW)
Chefredakteur: R. Lauterbach
1981 erscheint Jg 9
1 m, 132 S., 16,7 × 24 cm, Abb., 320 g, >1022< **Bd 13,50**
A H 25,–

Zeitschrift für Meteorologie

Hrsg. im Auftrage d. Meteorologischen Gesellschaft d. DDR
v. K. Bernhardt, W. Häuser, E. A. Lauter, H. Pleiß
1981 erscheint Bd 31
6 j, 64 S., 21 × 29,7 cm, Abb., 170 g, >1013< **H 8,–**
A H 17,–

M

Zeitschrift für Phonetik, Sprachwissenschaft und Kommunikationsforschung

Hrsg. i. Auftrage d. Rates f. Sprachwissenschaft b. d. AdW d. DDR von S. Brauner, G. Feudel, G. F. Meyer, U. Ricken, W. Schmidt, H. Schuster-Šewc, H. Spitzbardt
1981 erscheint Bd 34
6 j, 1 Bd zu 6 H., 128 S., 16,7 × 24 cm, Abb., 190 g, ›1006‹ **H 15,–**
A H 25,–

Zeitschrift für Slawistik

Hrsg. v. Zentralinstitut f. Literaturgeschichte u. Sprachwissenschaft bei der AdW
1981 erscheint Bd 26
6 j, 160 S., 16,7 × 24 cm, Abb., 250 g, ›1044‹ **H 9,–**
A H 20,–

VERZEICHNIS DER SCHRIFTENREIHEN

(Schriftenreihen ohne Bestell-Nummern haben ihr Erscheinen eingestellt)

2001 Abhandlungen der Akademie der Wissenschaften der DDR
Abhandlungen der Sächsischen Akademie der Wissenschaften zu Leipzig,
2025 mathematisch-naturwissenschaftliche Klasse
2024 philologisch-historische Klasse
Abhandlungen des Geomagnetischen Instituts Potsdam
2023 Abhandlungen des Meteorologischen Dienstes
3040/NF Abhandlungen des Zentralen Geologischen Instituts — Paläontologische Abhandlungen —
2108 Abhandlungen und Berichte des Staatlichen Museums für Völkerkunde Dresden
Abhandlungen zur Geotektonik des Geotektonischen Instituts
Abhandlungen zur Larvalsystematik der Insekten
2050 Acta Hydrophysica
2132 Ägyptische Urkunden aus den Staatlichen Museen zu Berlin
2171 Altorientalische Forschungen
2127 Archivalische Forschungen zur Geschichte der deutschen Arbeiterbewegung
2054 Bausteine zur Sprachgeschichte des Neuhochdeutschen
2137 Beiträge zur Alexander-von-Humboldt-Forschung
2167 Beiträge zur Forschungstechnologie
2180 Beiträge zur Demographie
2154 Beiträge zur Geographie
Beiträge zur Geologie
2124 Beiträge zur Geschichte des religiösen und wissenschaftlichen Denkens
2179 Beiträge zur Kritik der bürgerlichen Ideologie und des Revisionismus
2105 Beiträge zur Meereskunde
Berichte über die Verhandlungen der Sächsischen Akademie der Wissenschaften zu Leipzig,
mathematisch-naturwissenschaftliche Klasse
philologisch-historische Klasse
2065 Berliner Byzantinistische Arbeiten
2172 Berliner Turfantexte
2114 Bestimmungsbücher zur Bodenfauna Europas
Corpus der romanischen Kunst Mitteldeutschlands
Corpus der romanischen Kunst im sächsisch-thüringischen Gebiet
2028 Corpus Medicorum Graecorum
2118 Corpus Medicorum Latinorum
3027 Corpus Vasorum Antiquorum
2157 Corpus Vitrearum Medii Aevi
2139 Deutsche Bibliothek
2012 Deutsche Texte des Mittelalters
Deutsches Gewässerkundliches Jahrbuch
Deutsches Meteorologisches Jahrbuch
2100 Deutsch-slawische Forschungen zur Namenkunde und Siedlungsgeschichte
2175 Dialektologische Studien zur Sprachgeschichte und Sprachsoziologie
2136 Erkrankungen der Zootiere
Finnisch-ugrische Studien
2090 Forschungen zur mittelalterlichen Geschichte
2140 Forschungen zur Wirtschaftsgeschichte

2163	Forschungsberichte des Zentralinstituts für Wirtschaftswissenschaften d. AdW
2165	Fortschritte der Onkologie
	Fortschritte der sowjetischen Geologie
	Fortschritte der Wasserchemie
	Fortschritte zur Gas-Chromatographie
2018	Geophysik und Geologie
	Geschichte und Literatur des Lichtwechsels von veränderlichen Sternen
2031	Die Griechischen Christlichen Schriftsteller der ersten Jahrhunderte
2144	Grundlagen der Verfahrenstechnik und chemischen Technologie
	Hämatologie und Bluttransfusionswesen
	Hydrologische Bibliographie
2169	Internationale Reihe des Zentralinstituts für Geschichte der AdW
2120	Ionenaustauscher in Einzeldarstellungen
1002	Jahrbuch der Akademie der Wissenschaften der DDR
1011	Jahrbuch der Sächsischen Akademie der Wissenschaften zu Leipzig
	Jahrbuch des Adolf-Schmidt-Observatoriums für Erdmagnetismus in Niemegk
	Jahrbuch des Instituts für Wirtschaftswissenschaften
2085	Jahrbuch des Museums für Völkerkunde
2081	Jahrbuch „Forschungen und Berichte der Staatlichen Museen zu Berlin"
	Jahrbuch für Erziehungs- und Schulgeschichte
3052	Jahrbuch für Geologie
2130	Jahrbuch für Geschichte
3066	Jahrbuch für Geschichte des Feudalismus
2183	Jahrbuch für Soziologie
2166	Jahrbuch für Volkskunde und Kulturgeschichte
2103	Jahrbuch für Wirtschaftsgeschichte
2060	Jahresberichte für deutsche Geschichte
	Jahresberichte für deutsche Sprache und Literatur
	Jahresberichte über die Erscheinungen auf dem Gebiete der germanischen Philologie
	Jahresberichte über die wissenschaftlichen Erscheinungen auf dem Gebiete der neueren deutschen Literatur
2046	Keilschrifturkunden aus Boghazköi
2052	Die Kulturplanze
	Lebendiges Altertum
2111	Limnologica
2150	Literatur und Gesellschaft
2182	Mathematische Forschung
2155	Meroitica
2159	Mitteilungen aus der Ägyptischen Sammlung
2148	Moderne Biowissenschaften
	Monumenta Paedagogica
2093	Ökonomische Studientexte
	Ostasiatische Forschungen
4000	Philosophische Studientexte
	Publikationen des Astrophysikalischen Observatoriums
2164	Quartärpaläontologie
2087	Quellen und Studien zur Geschichte Osteuropas
2181	Reprintreihe: Antifaschistische Literatur in der Bewährung
7500	Sammlung Akademie-Verlag
	Schriften der Deutschen Sektion der Kommission der Historiker
	Schriften der Sektion für Altertumswissenschaft
2061	Schriften der Winckelmann-Gesellschaft
	Schriften des Instituts für Romanische Sprachen und Kultur
	Schriften des Instituts für Wirtschaftswissenschaften
2083	Schriften des Zentralinstituts für Geschichte

2158 Schriften des Zentralinstituts für Wirtschaftswissenschaften
2066 Schriften und Quellen der Alten Welt
2143 Schriften zur Geschichte und Kultur der Antike
2146 Schriften zur Geschichte und Kultur des Alten Orients
2076 Schriften zur Kunstgeschichte
2178 Schriften zur Philosophie und ihrer Geschichte
2103 Schriften zu Phonetik, Sprachwissenschaft und Kommunikationsforschung
2044 Schriften zur Ur- und Frühgeschichte
Schriftenreihe der Arbeitsgruppe zur Geschichte der deutschen und französischen Aufklärung
Schriftenreihe der Chemischen Gesellschaft
Schriftenreihe des praktischen Geologen
Schriftenreihe des Zentralinstituts für Mathematik und Mechanik
2170 Schriftenreihe für Geologische Wissenschaften
2010 Sitzungsberichte der Akademie der Wissenschaften der DDR
Sitzungsberichte der Sächsischen Akademie der Wissenschaften zu Leipzig,
2026 philologisch-historische Klasse
2027 mathematisch-naturwissenschaftliche Klasse
2176 Slawistische Studien und Texte
2161 Sprache und Gesellschaft
2173 Staats- und rechtstheoretische Studien
2115 studia grammatica
2152 Studien über Asien, Afrika und Lateinamerika
Studien und Berichte
2174 Studien zur Algebra und ihre Anwendungen
Studien zur Architektur und Kunstwissenschaft
2168 Studien zur Geschichte der Akademie der Wissenschaften der DDR
Studienausgaben zur neueren deutschen Literatur
Tagungsberichte der Chemischen Gesellschaft
2151 Taschenbuch Geschichte
2119 Textausgaben zur frühen sozialistischen Literatur in Deutschland
2030 Texte und Untersuchungen zur Geschichte der altchristlichen Literatur
Über wissenschaftliche Grundlagen der modernen Technik
Veröffentlichungen der Sprachwissenschaftlichen Kommission
Veröffentlichungen der Sternwarte Babelsberg
Veröffentlichungen der Sternwarte Sonneberg
2156 Veröffentlichungen des Forschungsbereichs f. Geo- u. Kosmoswissenschaften
Veröffentlichungen des Geodätischen Instituts in Potsdam
Veröffentlichungen des Instituts für Orientforschung
Veröffentlichungen des Instituts für Romanische Sprachwissenschaft
Veröffentlichungen des Instituts für Slawistik — Sonderreihe Wörterbuch/Bibliographien
Veröffentlichungen des Instituts für Wirtschaftsgeschichte an der Hochschule für Ökonomie
2022 Veröffentlichungen des Meteorologischen Dienstes
2085 Veröffentlichungen des Museums für Völkerkunde zu Leipzig
2153 Veröffentlichungen des Zentralinstituts für Alte Geschichte und Archäologie
2034 Veröffentlichungen zur Volkskunde und Kulturgeschichte
Völkerkundliche Forschungen
2121 Volksmärchen
2142 Vorderasiatische Schriftdenkmäler der Staatlichen Museen zu Berlin
Vorträge und Schriften
2084 Werte unserer Heimat
2162 Wissenschaft und Gesellschaft
2068 Wissenschaftliche Abhandlungen der Akademie der Landwirtschaftswissenschaften der DDR
2145 Wissenschaftliche Beiträge der Martin-Luther-Universität, Halle—Wittenberg

7000 Wissenschaftliche Taschenbücher
Reihe Biologie
Reihe Chemie
Reihe Medizin
Reihe Mathematik/Physik
Reihe Texte und Studien
2004 Zentralinstitut für Physik der Erde
2149 Zur Kritik der bürgerlichen Ideologie

Aufstellung vergriffener Titel bis März 1980 zur Ergänzung im Gesamtkatalog 1947—1979

Seite	Titel	Best.-Nr.	Preis
7	Ringpfeil, Fragen d. Mikrobiologie	2001/75/1/N	30,—
10	Grundfragen d. Steigerung d. Arbeitsproduktivität	2001/75/1/W	12,—
12	60 Jahre Große Sozialist. Oktoberrev.	2001/78/7/W	22,—
30	Archaeological Map, 1	3067/1	12,—
31	Presse d. Arbeiterklasse, Teil I—V	2127/6a/II	52,—
		2127/6a/III	52,—
		2127/6a/IV	60,—
		2127/6a/V	33,—
32	Aristoteles, Bd 13	3022/13	14,—
34	Diagnost. Laboratoriumsmethoden, IV	3046/D.L./IV	12,—
35	dto., VII	3046/D.L./VII	35,—
	Asinger, Chemie u. Technologie	5190	42,—
36	Atlas d. Verbreitung palaearkt. Vögel	3034/2	32,50
		3034/5	30,—
		3034/6	30,—
44	Zur Literatursprache	2054/58	68,—
	Zum Einfluß von Marx und Engels	2054/59	25,—
49	Beiträge z. Meereskunde, 41	2105/41	26,—
54	Biermann, Die Mathematik u. ihre Dozenten	5992	72,—
59	Brandenburg-Berlinisches Wörterb.	3056/II/2	18,—
66	Chinal, Design Methods	6047	88,—
69	Corpus d. roman. Kunst, Bd II, 1	2096/I/2/1	105,—
	Corpus d. roman. Kunst, Bd II, 2	2096/I/2/2	190,—
	Corpus d. roman. Kunst, Bd IV	2096/I/4	32,—
	Corpus d. roman. Kunst, Bd I	2096/II/I	190,—
70	Corpus Medicum Graecorum, I 2, 2	2028/18	48,—
	Corpus Medicosum III, 1	2028/20	48,—
	Graecorum V 4, 1, 2	2028/21/I lieferbar	98,—
71	Corpus Vasorum Antiquorum, Bd II	3027/II	45,—
	Corpus Vasorum Antiquorum, Bd 24	3047/I	45,—
75	Dehio, 4. Bd	3048/4	17,—
78	Deutsche Texte d. Mittelalters, XLIII	2012/XLIII	18,50
	Deutsche Texte d. Mittelalters, XLVII	2012/XLVII	120,—
79	Deutsche Texte d. Mittelalters, LIX	2012/LIX	95,—
	Deutsches Arzneibuch, III.—VI. Lfr.	3046/III	36,—
		3046/IV	36,—
		3046/V	36,—
		3046/VI	52,—

Seite	Titel	Best.-Nr.	Preis
81	Deutsches Arzneibuch, VII.—IX. Lfs.	3046/VII	36,—
		3046/VIII	15,—
		3046/IX	8,—
82	Deutsch-Slawische Forschungen, 11	2100/11	37,50
	13	2100/13	80,—
	14	2100/14	28,50
	15	2100/15	25,50
	16	2100/16	27,50
83	20	2100/20	37,40
	21	2100/21	26,50
	32	2100/32	28,—
91	Einheitensystem	6474	9,80
94	Elektron. Rechnen u. Regeln, 7 I	5583/I	31,—
96	Elm, Hochschule	5937 lieferbar	18,—
100	Erkrankungen d. Zootiere, 3	2136/3	33,—
	4	2136/4	48,—
	11	2136/11	70,—
	12	2136/12	70,—
107	Forschungen z. mittelalterl. Gesch., 13	2090/13	48,—
120	Geissler, DNS	5823	15,—
121	Geophysik u. Geologie, Bd I, Heft 1	2018/I/1	25,—
123	Gildemeister, Ätherische Öle	5102/I	33,50
124	Gildemeister, Ätherische Öle, Bd IIIa	5102/IIIa	63,—
	IIIb	5102/IIIb	60,—
	IIIc	5102/IIIc	68,—
	IIId	5102/IIId	78,50
	IV	5102/IV	55,—
	V	5102/V	60,—
	VI	5102/VI	60,—
	VII	5102/VII	80,—
	Generalregister	5102/GR	20,—
127	Goethe, Bd 2	5748/2 lieferbar	78,—
	Goethe, Bd 4	5792/4 lieferbar	62,—
129	Goethe-Wörterbuch, 7. Lieferung	8032/I/7 lieferbar	28,—
	8. Lieferung	8032/I/8 lieferbar	28,—
130	Gothan, Lehrbuch d. Paläobotanik	5106	76,—
			A110,—
	Grätzer, General Lattice Theory	6334	72,—
131	Graur, Einführung in die Sprachwiss.	5950	38,—
139	Gudoznik, Wissenschaftl.-techn. Fortschr.	6050	19,50
145	Harris, Biochemische Grundlagen	6000	38,—
154	Herrmann, Kongreß f. Slaw. Archäologie	5875/III	88,—
158	Moderne Probleme d. Archäologie	6250	22,—
	Mitteleuropäische Bronzezeit	6323	28,—
162	Hüter, Bauhaus in Weimar	6137	28,—
169	Jahrbuch d. ADW, 1977	1002/77	75,—
172	Jahrbuch f. Geschichte, Bd 19	2130/19	25,—
			A30,—
185	Keilschrifturkunden aus Boghazköi, 9	2046/9	47,—
	10	2046/10	48,—
191	Klimatologische Normalwerte, 3. Lfr.	3018/3	78,—
192	Klix, Organismische Informationsverarb.	6198 lieferbar	36,—
203	Kuczynski, Studien zu einer Geschichte, 1	6271/1	16,—

Seite	Titel	Best.-Nr.	Preis
221	Literatur u. Gesellschaft, 1	2150/1 lieferbar	7,50
	2	2150/2	8,50
	7	2150/7 lieferbar	8,—
	10	2150/10 lieferbar	7,—
231	Malcev, Algebraic Systems	5991	88,—
234	Natanson, Theorie d. Funktionen	5114	39,—
	1981 erscheint die 5. Auflage		
236	Petrich, Lectures in Semigroups	6333	33,—
238	Rao, Lineare statistische Methoden	5880	68,—
250	Moderne Biowissenschaften, 8	2148/8	26,—
251	Möller, Hieratische Lesestücke 1—3	5454/1—3	je 15,—
	Mönke, Heilige Familie	5803	38,—
257	Namenforschung heute	5898	12,50
260	Neumann, Mecklenburgische Märchenfrau	6021	7,50
266	Oktoberrevolution	6515/1 + 7	je 14,50
		6515/2—6	je 25,—
274	Peesch, Volkskunst	6349	12,50
280	Nikolaus v. Kues, Bd II	4051	19,—
283	Picard, Theorie d. Fragebogen	5675	24,—
295	Ramdohr, The Opaque Minerals	5764	48,—
296	Reaction Mechanisms	5996	68,—
300	Richter/Keune, Arzneimittelrecht	5737 lieferbar	60,—
308	Martinet, Synchron. Sprachwissenschaft	7502	11,80
310	Hoffmann, Fachsprache	7541	24,—
322	Grundfragen d. sozialist. Akkumulation	2158/2	17,—
323	Schriften u. Quellen, 8 — Tacitus	2066/8	12,—
324	Schriften u. Quellen, 23 — Lucilius	2066/23	90,—
325	Schriften u. Quellen, 28 — Cicero III	2066/28	32,—
	Schriften u. Quellen, 30/1 — Euripides I	2066/30/1	22,—
	III	2066/30/3	32,—
327	Rothe, Humanitas	2143/12	18,—
	Hazai/Zieme, Sprache	2146/5 lieferbar	135,—
328	Moritz, Hui Shi	2146/12	29,50
	Tezcan, Insadi-Sutra	2146/6 lieferbar	80,—
	Zieme, Manichäisch-türk. Texte	2146/5 lieferbar	72,—
329	Segeth, Materialist. Dialektik	2178/4	9,—
339	Seeber, Gestalten Bismarcks	6409	28,—
	Seidel, Lebensmittelvergiftungen	5624	24,50
343	Fuchs, Theoret. Physik	2010/75/5/N	3,—
344	Festvorträge	2010/75/9/1/N	4,—
		2010/75/9/2/N	4,—
	Boden u. Umwelt	2010/75/12/N	6,50
	Treder, Geometrisierung	2010/75/14/N	4,—
345	Stobbe, Hämatologische Schäden	2010/76/16/N	6,—
349	Irmscher, Antikes Erbe	2010/76/6/G	2,—
351	Buhr, Bürgerliche Ideologie	2010/78/7/G	2,—
	Mittenzwei, Schicksal	2010/78/10/G	1,—
360	Sonntag, Hygrometrie 2.—6. Lfr.	5596/2	40,—
		/3	24,—
		/4	28,—
		/5	28,—
		/6	37,—
362	Sprache u. Gesellschaft, 1 Hartung	2161/1	38,—

Seite	Titel	Best.-Nr.	Preis
366	Steinitz, Dialektol. Wörterbuch, 5. Lfr.	2001/72/3	15,—
367	Steinitz, Dialektol. Wörterbuch, 6. Lfr.	2001/73/2	15,—
369	Stoecker, Drang nach Afrika	5988	38,—
377	Studien z. Geschichte	5691 lieferbar	86,—
380	Werner, Zwischen Canossa u. Worms	2151/11	9,80
381	Werner/Markov, Geschichte d. Türken	2151/18	11,80
	Kathe, Soldatenkönig	2151/21	9,80
	Teller, Kalte Krieg	2151/24	11,80
387	Bibliographie z. jüdisch-hellenist. Lit.	2030/52 lieferbar	45,—
	Petit, L'ancienne version latine	2030/57 lieferbar	30,—
388	Die zweite Apokalypse	2030/65 lieferbar	50,—
402	Schröder, Entwicklungsphasen	2156/5	12,—
405	Richter/Taube, Asienwiss. Beiträge	2085/I/32	18,—
406	Rhömer an Rhein u. Donau	2153/3	68,—
	Germanen, Bd I	2153/4/I	38,—
			A48,—
	Kulturgeschichte d. Antike, Bd 2	2153/6/2	35,—
			A48,—
410	Baumgarten, Hallenhäuser in Mecklenbg.	2034/54	68,—
412	Wängler, Atlas deutscher Sprachlaute	5316	29,—
419	Um Oschatz u. Riesa	2084/30	12,50
420	Widow, Atlas d. Brustdrüsenkrebses	5639 lieferbar	76,—
422	Wilamowitz-Moellendorff, Kleine Schriften Bd I	5396/I	82,—
	Bd II	5396/II	45,—
	Bd V 1	5396/V/1	84,—
	Bd V 2	5396/V/2	35,—
	Bd VI	5396/VI	72,—
429	Bergner, Tierernährung	7045	8,—
430	Nitschmann, Entwicklung b. Mensch u. Tier	7111	8,—
	Odening, Parasitismus	7112	8,—
	Sedlag, Schädlingsbekämpfung	7124	8,—
	Hofmann, Biochemie d. Menschen	7128/7129	je 12,50
431	Witkowski/Herrmann, Klinische Genetik	7171	12,50
435	Ginsburg, Über Physik u. Astrophysik	7180	8,—
436	Kempe, Theorie stochastischer Systeme	7136	8,—
442	Wörterb. d. ägyptischen Sprache	3002/kompl.	1080,—
449	Ziegengeist, Begegnung u. Bündnis	5816	30,—
451	Zumpe, Angewandte Mechanik, Bd 1	5557/1	19,—
457	90 — Gedö, Philosophie d. Krise	2149/90	9,80
			A12,50

Bezugsmöglichkeiten:

Sämtliche Veröffentlichungen unseres Verlages sind durch jede Buchhandlung zu beziehen.

in der DDR

durch die Universitätsbuchhandlung 1080 Berlin, Unter den Linden 69/73 und den örtlichen Buchhandel

im sozialistischen Ausland

durch die Buchhandlungen für fremdsprachige Literatur
bzw. den zuständigen Postzeitungsvertrieb

in der BRD und Berlin(West)

durch die Auslieferungsstelle, Firma Kunst und Wissen, Erich Bieber, OHG,
D-7000 Stuttgart 1, Wilhelmstraße 4—6

in Österreich

durch den Globus-Buchvertrieb, A-1201 Wien, Höchstädtplatz 3

bei Wohnsitz im übrigen Ausland

durch den internationalen Buch- u. Zeitschriftenhandel oder den BUCHEXPORT
Volkseigener Außenhandelsbetrieb
der Deutschen Demokratischen Republik
DDR-7010 Leipzig, Leninstraße 16

Alleinauslieferung für Zeitschriften

in übrigen westeuropäischen Ländern, außer BRD und Österreich
Firma KUNST UND WISSEN, Erich Bieber, GmbH,
CH-8008 Zürich/Switzerland,
Dufourstraße 51

FSC
www.fsc.org
MIX
Papier | Fördert
gute Waldnutzung
FSC® C083411

Kolibri 360 GmbH
Ferdinand-Jühlke-Straße 7
99095 Erfurt, Deutschland
produktsicherheit@kolibri360.de